根

以讀者爲其根本

用生活來做支撐

引發思考或功用

獲取效益或趣味

孟老師的下午茶

孟兆慶◎著

用聞的、用嘗的「千面女郎」

對每個男人而言，或許嘴上不敢承認，但潛意識裡總希望他的女人能夠在不同場合扮演不同的角色，亦嬌羞亦奔放，亦出得廳堂亦進得廚房；倘若眼前的女人無法達到這樣完美多變的境界，那麼……就只好在現實生活中另外再尋覓「一個」嘍！

而我的「這一個」就是－Ms Dimsun（點心小姐）！

它是我的「情人」——無論何時何地，無論颳風下雨……，只要我想要，它就會陪在我的身邊。

享受著塗了厚厚一層奶油和果醬的「司康餅」，讓我彷彿是正在偷情的英國公爵，吃了一嘴的唇膏；掰著一口一口散發著淡淡香甜的「黑棗核桃糕」，這會兒我又成了躺在臥床上的特務頭子，沾了滿身的水粉香。

它是我的「媽媽」——不管再飽再餓，不管大魚大肉……，就算沒時間，它還是要你多吃一點。

就像媽媽一樣沒有濃妝艷抹，只有紮實內容的「美式重乳酪蛋糕」，典型的媽媽拿手料理；只有吃到了「蘋果酥派」，你才會驚覺怎麼那麼快又到了歲末蘋果生產的季節，也只有媽媽永遠都會記得在最好時節做出最好的料理。

它是我的「婆婆」——那怕科技再進步，那怕時代再演變……，有形無形的，它永遠勾起你的回憶。

做起來簡單容易，全家人一同參與，起鍋的「炸薯球」永遠等不到放涼，就會消失在穿梭於客廳和廚房間孩子的嘴裡；只要看到黑呼呼的「布朗尼」，就會馬上聯想到穿著圍裙的美國胖婆婆，熱情的招呼大家分享剛出爐的美味。

它是我的「愛人」——雖然你在工作她在持家，雖然你在北京她在台北……，不用表示，它一直是你永遠的愛。

外表看起來堅強，內心卻是萬分的柔軟，就像「法式脆糖烤布丁」一樣，一道點心兩種享受，又冷又熱，又硬又軟；不是激情強烈的愛，沒有刺口刺鼻的直接勾引，吃完了以後，口腔、鼻腔都還是「薰衣草奶酪」的餘香。

「下午茶」雖然名字叫「下午」，可是沒人規定非得在下午的時間裡進行，任何時間想到了，任何地點想要了，都可以來上一回，而且每次都可以換不同的「女郎」哦！

喜歡點心的人，從這本書裡可以感覺到你的它，讓它陪你在想像中度過一個不同感覺的Tea Time；愛做點心的人，從這本書裡可以學會做出一群它，讓它們圍繞著你一起營造屬於自己的Tea Time；而我，藉由孟老師的新書，和你在Tea Time一同分享這個千面女郎——我的最愛！

敗家女的優雅午茶時光

這個世界上「敗家女」有很多種，有的喜歡買鞋子、衣服；有的喜歡買珠寶、首飾；有的喜歡買化妝品、保養品；但是孟老師比較與衆不同，她可以為了製作or創新甜點，把自己的精神與金錢通通「撩落去」！

為什麼我敢說得這麼絶對呢？因為我眼見為憑！記得去年要錄X'mas的節目時，那天孟老師特別開心。在她把準備好的食材拿出來後，又從另一個箱子拿出了一堆紅紅綠綠形狀不一的盤子，紅紅綠綠燙著金字或有金蕾絲的緞帶、應景的蠟燭、花圈、松果……只要與聖誕節有關的，您都看得到。最勁爆的是孟老師還帶了一瓶香檳來，前面所說的那些東西是為了要點綴甜點更有過節的氣氛，至於那瓶香檳則是孟老師的堅持。我問孟老師是不是把家裡過節的家當都搬來了？孟老師說：「沒有！是為了今天這幾道甜點而買的。」我又問她：「那師丈是不是也覺得您很會亂花錢？」她說師丈也很開心的告訴她：「買呀！買呀！」

哎～！水瓶座碰上天秤座就是一種永無止盡的敗家！相信常看我們節目的觀衆朋友一定會注意到，只要我們在試吃甜點的時候，旁邊一定會有一個茶杯，有的時候裡面裝的是水，但只要是孟老師來，我們就一定喝得到孟老師親手沖的茶（偶爾會因為搭配甜點，還有不同口味的茶喔！）

這就是孟老師絶對很「龜毛」的地方，而且還會不厭其煩的叮嚀妳在吃下一個甜點前，一定要喝口茶過過口，即使妳原本就會這麼做。

這就是孟老師！而她的「龜毛」從不曾對我造成任何的困擾。因為我同樣在生活上，也是個「龜毛人」，而且也享受著與孟老師那種相互撞擊出火花的爽快。

如果您也覺得在日常生活細節中，也有很多所謂的「堅持」，也是個「龜毛人」的話，那看孟老師的食譜一定會帶給您很大的滿足。因為孟老師絶對會讓您在家吃甜點，就有如置身在五星級飯店或世界上任何一個角落，高雅、悠閒地享受著下午茶的樂趣。

來我家喝下午茶吧！

有時候很感謝上蒼，讓「甜點與我」做了精采的邂逅，從做甜點、教甜點到說甜點，時時刻刻與甜點為伍。甜點豐富了我的生活，也美化了我的人生。常常沾沾自喜，真好！我品嘗甜點的機會還多於一般人呢！

直到現在，我還是喜歡浸淫在甜點世界中，從秤料開始，手拿打蛋器、橡皮刮刀攪拌，過篩麵粉，最後再刮下那根渾圓飽滿又黑漆油亮的香草豆莢，我把每一個細節幻想成美妙音符的串聯，對我而言，這從來都不是一件苦差事。層層步驟的堆疊套結即是引爆美味的開始，有時我會自戀的陶醉：嗯！吃了我甜點的人，可要甜入心坎兒內而畢生難忘了！

法國美食家妙莉葉・芭貝里在《終極美味》一書中提到：「吃糕點不要在充飢果腹的時候，才能仔細品嘗它的細緻，香甜柔軟的絕品不是用來滿足基本的慾望，而是在味蕾上塗上一層世界的美好。」或許因為如此，甜點的出現，特別像是額外的驚喜。也難怪許多人在享用的同時，永遠是一副嘴角上揚的幸福表情。

所以你一定有這樣的經驗：有時好想找個安靜的地方坐下來和朋友聊聊天、吃吃甜點，紓解一下工作壓力，分享一下生活心情；有時覺得只是閒嗑牙、純消磨時間也好。而接下來總是那句話：「那，我們去喝下午茶吧！」

不管以什麼理由、什麼動機喝下午茶，毫無疑問，下午茶似乎真是可以讓你利用片刻時光，享受短暫悠閒的速成方式。

真的！每當下午茶時間一到，很容易觀察到一個裝潢優雅又佈置溫馨的場景，每個客人都沉醉在悠閒氣氛中，一邊聊天一邊享用精緻可口的點心，你的心情跟著放鬆起來，還不由自主洋溢著幸福感。這時候，你大概不會太在意嘴裡品嘗的是何種口味的糕點，喝著什麼品種的紅茶吧？反而比較在意尋求享受迷人的當下閒逸與優雅滋味吧！

市面上的下午茶五花八門、講究各式排場，可以盡情各取所需，不管你欣賞精緻的純英式下午茶，或是偏愛熱鬧非凡的吃到飽下午茶，無論如何，都可在下午茶進行式中，滿足嗜甜點的口腹之慾，但最大缺點卻是在急於控制時間的情況下，常常忽略了該有的優雅與自在，每每時間一到，你就必須在意猶未盡的情況下買單走人。

我迷上甜點，我愛戀下午茶，但這一次我不想出門了，好想請你來我家喝下午茶，不必將就時間的限制，可以隨心所欲的設計安排，怡然自得來享受下午茶。書內有很多點心是我在《食全食美》節目中曾經示範過、結果叫好又叫座的，活靈活現的甜點被主持人焦志方挑逗得讓人垂涎三尺，電視機前的你卻只能遠觀而無法品嘗。這一次，我將美味再度端上桌與大家分享，你不必與口腹之慾作對，你一定要動手做做看，細細體驗甜點的美好滋味。你也不必在意家裡的燈光不美、氣氛不佳，即便是一杯三合一的即溶咖啡、一塊烘烤不甚完美的布朗尼，或是幾片上色不夠均勻的小餅乾，都是你精心列出的幸福清單。因為你享受到的可是「獨家」下午茶，絕非一般金錢消費可比擬的。偶爾在生活中搞點浪漫、耍點優雅，刻意「點綴」生活絕對是必要的。那我們可要共同約定，一定要常常對你的朋友說：「來我家喝下午茶吧！」

孟兆慶

如何使用本書？

不同的時刻不同的主題：不管是獨處時光、情侶約會或呼朋引伴，孟老師都會告訴您如何依自己的時間喜好設計不同的下午茶會。

孟老師的貼心叮嚀：各種不同主題下午茶會的設計重點與搭配巧思。

各式主題推薦的點心與飲品：您可從孟老師所示範的各式點心與飲品中，找出您最喜歡的一種或數種任意地搭配。

一句話點出此一下午茶點心的特色。

下午茶點心的正確名稱。

所準備材料可做出此道點心之份量數。

前置作業關乎成敗，而「工欲善其事，必先利其器」，準備適當道具是另一個做好點心的必要條件。

準備適當份量的材料更是做好點心的必要條件。

詳細的製作步驟解說與分解圖，讓您操作時不容易出錯。

成品完成圖。

搭配飲料的製作步驟分解圖。

孟老師特別推薦口感最速配此道點心的飲料。

決定性的一點訣，有時成品的道地與否、美味與否就在這小小的細微處。

食材解說。

孟老師對此道點心的背景說明與經驗傳達。

目錄

CONTENTS

Part1 獨處時光的下午茶

關掉手機，
口中喝著溫熱的卡布奇諾配著香甜的小西點，
慵懶的窩在舒適的沙發上，
靜靜的享受一個人的世界。

◎設計重點：
不用刀、叉吃起來方便的點心，配合自己獨處的心情，
讀書、聽音樂皆能怡然自得。

Part2 談心八卦的下午茶

好友為伴，甜點助興，
無論是分享、傾吐彼此的生活心情，
還是喝咖啡聊是非，
不管到幾時也無所謂。

◎設計重點：
咖啡店、飯店流行的精緻糕點，隨性搭配咖啡或茶。

Part3 情人約會的下午茶

悠閒的午後，
製作幾樣精緻小點，
展現一下自己的巧手，
和親密愛人訴說著甜蜜心事。

◎設計重點：
兩人的世界，點心種類不必多，但是以口感豐富為原則。

Part4 快速方便的下午茶

逃離繁雜瑣碎的工作，
營造一個放鬆的心情，
期待一場簡便又優雅的速成下午茶。

◎設計重點：
以市面上現有的半成品為素材，省時省力的運用。

目錄

Part5 享「瘦」甜美的下午茶

熱量低一點，美味依舊在，
享受悠哉沒有負擔的下午茶。

◎設計重點：
低脂、低糖為重點，口味偏向清淡爽口。

Part6 美味延伸的下午茶

招待好友，不用擔心自己的料理手藝，
在家也可以安排一場賓主盡歡吃到飽的下午茶。

◎設計重點：
鹹、甜兼具的點心，讓美味延伸取代正餐時刻。

Part7 貴族品味的下午茶

精緻的餐盤佐以令人讚嘆的甜點，
營造生活品味，就從優雅的下午茶開始。

◎設計重點：
多層次的口感交織在精心佈置的優雅氣氛中，可媲美五星級飯店。

Part8 自我表現的下午茶

玩了好久的烘焙，什麼樣的甜點也都難不倒自己，
那就表現一下吧！好好享受朋友崇拜的眼神。

◎設計重點：
種類、口感兼具，還可隨性享受現烤現出爐的美味與樂趣。

甜點表演的舞台就在下午茶

有很多人把「吃甜點」和「會發胖」劃上等號。如果單純視甜點為食物，當然就會錯看了甜點的真正身分，在所有食物中，我堅信，只有甜點才會教人發出讚嘆聲，在品嘗的同時，從味蕾的體驗到心境的感受，很少有其他食物會被以「幸福極了！」來形容，因此大多時候，只是藉由甜點搜尋美味的渴望、心情的愉悅及情境的享受，甜點，雖非正餐，也非每天飲食中的必需品，但少了它，總感覺生活少了一劑調味料似的，因此，適時的解饞或被安排的出現，是無關乎發胖的。

你聽過：「一定要品嘗到『飯後甜點』，美味的一餐才算劃下完美的句點。」這樣頌揚甜點的話嗎？我想不只是我，還有更多甜點狂熱者一定也抱持跟我相同的想法。所以，如果謹以「附屬品」之姿讓甜點委屈的出現，在類別、口感與搭配性上都給予一定的規範與限制，又怎麼能一窺甜點世界美味的堂奧？

甜點終究是有異於其他食物的，特別是其外型的獨創性，大量採用新鮮的水果、誘人的巧克力及濃郁的堅果，甚至料理中的辛香料也常被用來加強內容與香味，以塑造內在的味覺與外在的形象，益發顯得甜點就是創意與巧思的產物，尤其紅花還需綠葉的陪襯，啖一口精緻甜點、再啜飲香茶或咖啡，下午茶的時間與空間給予了甜點躍升主角的機會，也讓甜點在下午茶的舞台散發無窮魅力。

正統下午茶

……英國式的優雅風情

談起所謂的正統下午茶，必須要追溯到十九世紀的英國，有一位貝德福公爵的夫人安娜女士，常在午餐與晚餐間產生飢餓感，所以要她的侍僕準備一些茶與糕點稍稍裹腹一下，漸漸地，安娜夫人的習慣竟蔚為風氣，後來甚至演變成名媛淑女聚會的方式，最後更融入了英國人的日常生活中，時至今日，優雅的英式下午茶已飄香至全世界。

正統的英式下午茶，從糕點、喝茶到排場，講究的是華貴優雅。糕點中最具代表的是小三明治、司康餅（Scone）佐以果醬或奶油、水果塔及奶油蛋糕等，再依序裝在精美的三層點心架上，品嘗時也得遵照順序從最下層的鹹點至最上層的甜點，同時再啜飲與點心搭配的上好紅茶，杯盤交錯之際，展現英式午茶的特有優雅風情。

另外，為了表現英國式的紳士、淑女風範與氣度，下午茶的各項禮儀、服裝及品飲時的各項規則也不得忽略，再再彰顯出英式午茶即是尊貴、品味及富裕的表現。

偷閒享受下午茶

……讓生活品味展現萬種風情。

對現代人來說，在忙碌的生活中，只有刻意放慢腳步，才能為自己尋求到悠遊自在的美好時光。其實只要興之所至，不必拘泥於傳統的繁文縟節，即使只能找出短短的30分鐘或15分鐘，也可以用很簡便、快速的方法為自己營造一段輕鬆的偷閒午茶時間；週末假日有比較多空閒時段，更可以精心為自己與朋友辦一場家庭下午茶Party，有私房Home Made小點心、親手調的飲料，與三五好友在吃吃、喝喝中體會與分享彼此的生活。

在家安排下午茶

……轉換心情、創造驚喜，就從下午茶開始。

想要在家享受悠閒的下午茶並非難事，無論獨處砌壺自己愛喝的茶，配上兩片餅乾，還是呼朋引伴隨性登場或是隆盛排場，都可以隨心所欲從甜點這項主要元素中找到下午茶的悠閒，其次再選幾樣道具，烘托一下甜點的幸福溫馨氣氛，一點都不困難。

午茶時光有別於一般的料理宴客，你可以依自己的時間安排，事先製作幾樣小點心，從容不迫的期待下午茶聚會。

點心的準備→各取所需、因人而異、投其所好

★獨處的下午茶，以隨興為原則，可視個人的口味或當時心情為自己烘烤幾樣點心。若兩人以上的下午茶，首先需依據人數多寡及朋友的口味偏好，來準備份量及安排製作的內容。

★將點心分類，在自己較空閒的時間分批製作，例如：慕斯及布丁類的冷點可以提前兩天製作再冷藏保存；耐放的常溫型蛋糕像是黑棗核桃蛋糕、馬德雷妮及古典巧克力蛋糕等也可以提前三天烘烤；熱食的點心如開胃鹹塔可將塔皮先完成、麵包布丁內的土司先烤過，到時再繼續完成它，其次運用更方便的餅乾類，保存期限約可達一星期以上，安排製作的時間更可運用自如。

★可依書中提供的點心，做最貼心又理想的搭配，或是穿插安排各式口味，如你的下午茶時間安排得較長，「鹹、甜兼具」的組合就有其必要，如此才能滿足每一張嘴品嘗時的滿足感與協調感。

飲料的搭配→無論品茶或喝咖啡，都不必講究門道

★大多以紅茶為主，雖然紅茶的品目繁多，但不必刻意深究，建議可考慮方便選購的伯爵茶（Earl Grey）、錫蘭紅茶或大吉嶺茶等純味紅茶，無論單純品嘗茶香滋味，或是與點心搭配都適宜；另外，各式水果茶、花茶及香草茶的搭配也無黃金定律，完全以個人嗜喝的「速配」感為原則。

★如果想要在家享用一杯較為完美的義式濃縮咖啡是需要一些條件配合的，除了需要一台好的電動蒸氣濃縮咖啡機外，另外還要搭配新鮮的咖啡豆及熟練的製作技巧，以短短20秒的時間高壓萃取出濃縮咖啡，品質也能媲美營業水準。其次的選擇是簡便的摩卡壺，雖然無法像機器一樣提供高壓，呈現完美製作，但也能有喝濃縮咖啡的意境。

★除了書中提供的各式咖啡調配法外，也可以閒適地煮一杯優雅的虹吸式咖啡，或是簡便地利用一般咖啡壺煮一壺美式咖啡，甚至是更隨性地沖泡一杯即溶咖啡，來搭配一口自己喜愛的糕點，只要你覺得愉悅、自在，不管喜歡這樣做、那樣做，怎麼做都行。

氣氛的佈置→不必大費周章，賓主盡歡即可

悠閒的午后甜蜜時光，在家享受下午茶，不必刻意佈置華麗的排場，最好以身處其中感覺舒適又溫馨為原則，你可以很輕鬆自在的放一些喜歡的音樂，選一個靜謐的角落，管它是客廳還是陽台，只要將餐桌或茶几鋪上桌巾，並擺放鮮花或新鮮水果稍加裝飾，優雅的氣氛便能輕易營造出來，自己一人隨意窩在舒適的沙發上，或是三五好友席地而坐，都能怡然自得。

道具的選用→量力而為，依需要選購

毫無疑問，精美的下午茶道具，絕對會產生塑造情境的效果，品嘗時也能有意想不到的品味體驗，雖然不必樣樣考究非得威基伍德（Wedgwood）的精緻陶瓷，但最好也不要毫不在意地隨便以塑膠免洗容器就草率登場，既違背環保，更讓下午茶失色不少，甚至因此變得毫無品味。因此，建議你依個人需要或選購上的方便性來選用以下道具：

1. 杯具組

一般咖啡杯容量約150cc

義式濃縮咖啡杯容量約60cc

紅茶杯容量約150cc（窄底寬口）

2. 陶瓷壺

保溫性佳，適合沖泡紅茶，可依需要選用不同的容量。

3. 玻璃壺

沖泡時較有視覺效果，適合用於水果茶、花茶及香草茶，可依需要選用不同的容量。

4. 濾茶網

燜泡紅茶後，很方便濾出茶湯，有各式金屬及瓷器製品。

5. 沙漏計時器

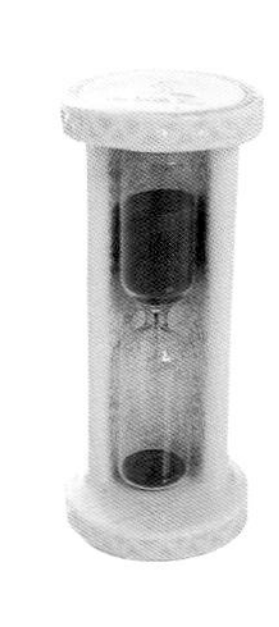

沖泡各式茶飲時，可幫助計時，分別有1分、2分及5分鐘的設計。

6. 茶匙

可方便量出紅茶的份量，一匙約3公克。

7. 糖罐&奶盅

盛放糖與牛奶的容器。

8. 點心盤＆點心叉＆小湯匙

點心盤可依需要選用不同的尺寸；點心叉可分別用在點心或水果上；小湯匙使用在咖啡或各式茶飲時攪拌砂糖用。

9. 蛋糕剷

切割蛋糕後可方便取用，分別有陶瓷或金屬可供選用。

10. 小抹刀

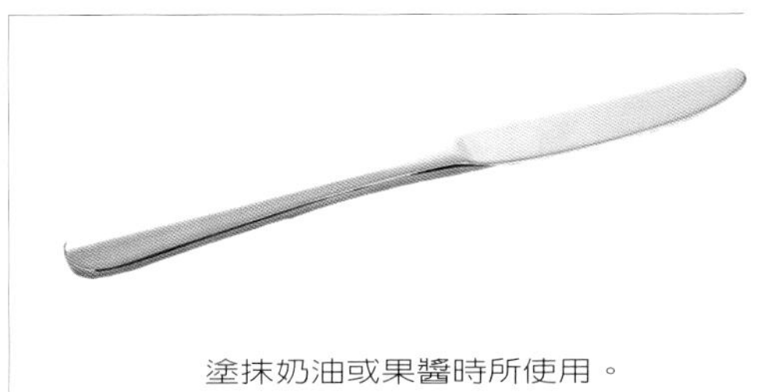

塗抹奶油或果醬時所使用。

11. 奶油、果醬碟

盛放奶油及果醬的小容器。

12. 二層點心架

可依需要選用不同的材質與尺寸。

13. 三層點心架

可依需要選用不同的材質與尺寸。

14. 奶泡壺

利用手工將牛奶不斷打入大量的空氣，而成綿密的奶泡。

關掉手機，口中喝著溫熱的卡布奇諾，
配著精巧的小西點，
耳邊傳來舒伯特的小夜曲，
慵懶地窩在舒適的沙發上，
靜靜享受一個人的世界。

Part1 獨處時光的下午茶

設計重點：不用刀、叉，隨興品嘗的方便點心，配合獨處的心情，沉思、閱讀、聆賞音樂都怡然自得。

點心與飲品清單：

1.香酥起士餅乾

2.芝麻杏仁小西餅＋伯爵紅茶

3.核桃奶酥餅乾＋伯爵奶茶

4.西班牙酥餅

5.辣味餅乾

香酥起士餅乾

喚起舌尖震撼的另類滋味。

份量
約30片

準備事項

1.無鹽奶油放在室溫下軟化。
2.煙燻起士刨成細絲（圖a）。
3.烤箱預熱。

材料

無鹽奶油65g　細砂糖20g　煙燻起士50g　牛奶50g
低筋麵粉100g

做法

1.無鹽奶油加入細砂糖用橡皮刮刀攪拌均勻，再分別加入煙燻起士絲及牛奶。
2.篩入麵粉，繼續用橡皮刮刀輕輕拌合成麵糰狀。
3.將做法2.的麵糰包在保鮮膜內，壓成平面狀冷藏鬆弛30分鐘後，擀成厚約0.4公分的長方形，再切成長約7公分、寬約1公分的長條狀，直接放在烤盤上（圖b）。
4.以上火180°C、下火150°C烘烤20分鐘左右，關火後再繼續燜10分鐘即可。

Tips

★加入牛奶後尚未與奶油糊混合均勻時，即可直接篩入麵粉拌合成糰。
★麵糰整形時，雙手可沾麵粉以防黏手。
★如沒有刨起士的工具，可用刀子盡量切碎。

a

b

孟老師的O.S.

這種餅乾常出現在下午茶行列中，有時也應用在西餐做為開胃菜食用。可做成圓餅狀，在表面放上各式海鮮、肉類或各種口味的美乃滋都是不錯的組合。

單純品嘗它，更能吃出濃郁又微鹹的煙燻起士風味，尤其經過烘烤，餅乾組織變得更酥鬆，味道厚實又香醇，很能突顯特殊的餅乾風味。身為烘焙玩家的你，不妨可試著變換另一種同屬性的起士做做看。

煙燻起士（Smoked Cheese）：即戈達（Gouda）乳酪利用煙燻加工而成，氣味濃郁，屬於半硬質乳酪，可以切割或刨成絲狀。製成後以蠟紙包裹，並在外層用蠟完全封住以增長保存期限。食用時必須將蠟及蠟紙去除，開封後的切口則用保鮮膜包好，防止乾燥，並冷藏保存。

芝麻杏仁小西餅

小巧精緻，令人愛不釋口。

份量
約60個

準備事項

1.無鹽奶油放在室溫下軟化。

2.烤箱預熱。

材料

A.無鹽奶油70g　糖粉50g　香草精1/2t　動物性鮮奶油15g　低筋麵粉100g

B.裝飾：蛋黃1個　白芝麻適量　杏仁片適量

做法

1.無鹽奶油加糖粉及香草精先用橡皮刮刀攪拌均勻，再加入動物性鮮奶油拌勻。

2.篩入麵粉繼續用橡皮刮刀輕輕拌成麵糰狀，再分成兩等份，整形成直徑約1.5公分細的圓柱體，分別包入保鮮膜內。

3.做法2.的麵糰冷藏約1小時，待麵糰凝固後，將外表全部刷上蛋黃液（圖a），並在白芝麻堆中來回滾動，以便均勻沾裹上白芝麻（圖b）。

4.將做法3.的麵糰切割成每個約1公分的厚度，在小麵糰表面刷上均勻的蛋黃液，並放一片杏仁片（圖c）。

5.以上火180℃、下火160℃烤20分鐘左右。

Tips

★蛋黃液只要均勻的薄薄刷一層即可，不要過多，以免烘烤後成品顏色過深。

★避免奶油糊過發，所以不要用攪拌機或打蛋器，才不會使餅乾的形狀擴散。

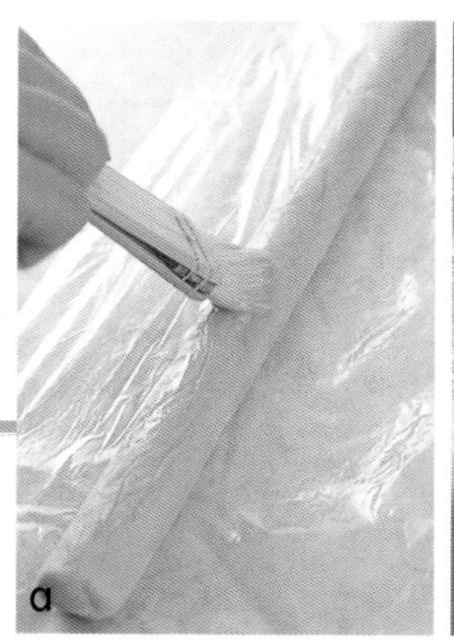
a

b

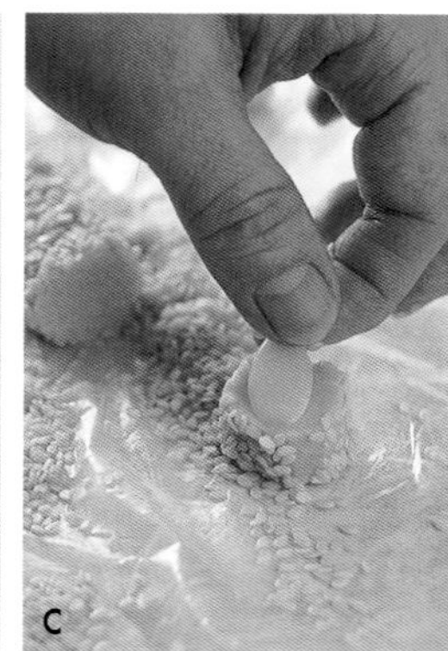
c

孟老師的O.S.

不知道你有沒有發現？很多烘焙點心的食材似乎都大同小異，不外乎糖、油、蛋、粉在變花樣。奇妙的是，呈現出來的東西卻很不同。吃起來的感覺也有差異。這就是烘焙最好玩的化學變化，所謂牽一髮動全身，只要在材料中稍微動個手腳，就會與原來的風味大異其趣，甚至只要將尺寸、形狀改變一下，就能享受到不同的品嘗樂趣。

這道「芝麻杏仁小西餅」也不過就是一些平淡無奇的食材，只不過刻意把Size做得比一般餅乾小，外表再加點料，就出現令人意想不到的風味囉！

杏仁片（Almond）：是由整顆的杏仁粒切片而成，常混合在西點的內餡或麵糰中烘烤或用於裝飾，口感香脆，必須冷藏保存。

伯爵紅茶

芝麻杏仁小西餅屬於重口味的餅乾，搭配紅茶品嘗的同時，口感可以獲得舒緩，且不會膩口。

Step 1　溫壺　沖入沸騰的滾水，將茶壺溫熱一下（圖1）。
Step 2　放茶葉　放入3 匙茶葉（圖2）。
Step 3　注熱水　注入約500cc的熱水（圖3）。
Step 4　等待　蓋上蓋子，用沙漏或計時器計時，燜泡2分鐘（圖4）。
Step 5　完成　將浸泡後的茶湯濾出，即可品飲（圖5）。

■1人份紅茶的標準量匙是1匙＝3公克。

■每一份紅茶大約配180cc的水。

核桃奶酥餅乾

酥鬆口感加奶香滋味是美味的關鍵。

份量 約35個

準備事項
1.無鹽奶油放在室溫下軟化。
2.核桃先用上、下火各150°C烘烤10分鐘，再用料理機打成細末狀（圖a）。
3.烤箱預熱。

孟老師的O.S.

很多人偏好酥鬆的餅乾口感，咬下去的剎那，香氣在口腔中似乎流竄得特別快，咀嚼起來不會過硬也不會過軟。奶酥餅乾常讓人聯想到喜餅禮盒的代表餅乾，無論什麼樣的口味，都吸引餅乾愛好者想要一吃為快，尤其再配上一口熱熱的奶茶，真是幸福極了！

一般在餅乾中添加堅果可明顯吃到顆粒的口感，但若試著將它磨成粉末狀，再與主料麵粉合為一體，就會發現，即使沒放泡打粉，餅乾吃起來也是又「奶」又「酥」，這就是擅用食材來發揮最佳特性的創意。

材料

無鹽奶油100g
細砂糖70g 香草精1/2t
蛋黃35g
低筋麵粉100g
核桃40g

做法

1.無鹽奶油加細砂糖及香草精用攪拌機攪打均勻，再將蛋黃加入繼續拌勻。

a

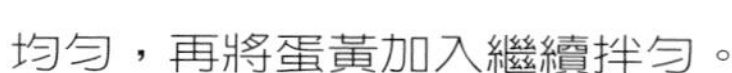

2.接著篩入麵粉並直接加入核桃細末，用橡皮刮刀輕輕拌勻成麵糊狀。
3.將麵糊裝入擠花袋中，用尖齒花嘴擠出直徑約3公分的旋轉造型。
4.以上火180°C、下火160°C烘烤25分鐘左右。

Tips

★沒有料理機，可將核桃裝入塑膠袋中，用擀麵棍壓成細末狀。
★除用擠花袋擠造型外，也可用湯匙取適量麵糊，直接舀在烤盤上烘烤。

伯爵奶茶

核桃的香氣搭配奶茶很對味，尤其在奶茶中加少許的砂糖調味，味道更濃郁香甜。

1

2

3

Step 1 **溫壺** 沖入沸騰的滾水，將茶壺溫熱一下。
Step 2 **放茶葉** 放入3匙的茶葉。
Step 3 **注熱水** 注入約500cc的熱水。
Step 4 **等待** 蓋上蓋子，用沙漏或計時器計時，燜泡5分鐘（圖1）。
Step 5 **濾茶湯** 燜茶葉的時間較長，顏色較深，將茶湯濾出至杯內約8分滿（圖2）。
Step 6 **完成** 將熱牛奶倒入杯內攪拌一下，可依個人習慣決定是否要放糖（圖3）。

■製作奶茶的紅茶味道要更濃，茶葉可多放一匙。
■牛奶的量可依個人喜好濃度做增減。

西班牙酥餅

瞬間化開的絕妙美味。

份量
約12片

準備事項
1. 烤箱預熱。
2. 低筋麵粉先以上、下火各180°C烘烤10分鐘，放涼後過篩備用。
3. 無鹽奶油放在室溫下軟化。

材料

低筋麵粉125g 糖粉50g 杏仁粉25g 檸檬皮1個
無鹽奶油45g 白油45g 全蛋15g

做法

1. 低筋麵粉、糖粉與杏仁粉混合均勻備用。
2. 用擦薑板磨出檸檬皮屑（圖a）直接混在做法1.的粉料中，接著加入奶油、白油及全蛋用手抓揉混合成麵糰（圖b）。
3. 將麵糰擀成厚約1公分的片狀，再用直徑約5公分的圓模型切割出小圓片狀。
4. 以上火180°C、下火160°C烘烤30分鐘左右。

Tips

★低筋麵粉經過烘烤後，會出現顆粒狀，務必記得過篩。
★白油的份量可用無鹽奶油取代。
★模型的大小可隨個人取得方便而改變。

a

b

孟老師的O.S.

這是一道西班牙有名的傳統點心，酥鬆的組織、綿細的口感是其特色，尤其還帶有微微的檸檬香，吃過的人無不被那酥到極點的口感所懾服。幾年前我在東森《食全食美》節目中曾經示範過，記得當時主持人焦志方先生的評語就是：根本不用咬，用嘴一抿就化開了，簡直就是西班牙桃酥嘛！

製作前，別忘了先將麵粉烘烤熟化，讓麵粉筋性消失，完成後的成品，沒有任何「咬勁」，一吃就融在舌尖。喜歡的話，還可在材料中添加肉桂粉以增加特殊香氣。

白油：為植物性油脂，呈白色固態狀，其融點較無鹽奶油高，多用於餅乾或派皮上，烘烤後的成品口感酥鬆。拆封後應放於室溫陰涼處保存。

辣味餅乾

香辣口感挑戰你的味蕾。

份量
約30片

準備事項

1.低筋麵粉、糖粉及辣椒粉混合過篩。
2.無鹽奶油放在室溫下軟化。
3.烤箱預熱。

材料

低筋麵粉100g 糖粉30g 辣椒粉1t 蛋黃1個
無鹽奶油80g 蛋白1個

做法

1.將過篩的粉料加上蛋黃及軟化的奶油用手抓揉混合成麵糰，放在保鮮膜上壓平包好，冷藏30分鐘以上。
2.麵糰擀成約0.5公分的厚片，再用直徑約3公分的圓模切割出小圓片狀。
3.在麵糰表面刷上均勻的蛋白，以上火180℃、下火160℃烘烤約20分鐘左右。

Tips

★辣椒粉可依個人嗜辣程度做增減。
★麵糰表面刷蛋白的動作也可省略。

孟老師的O.S.

就研發點心的立場而言，創新與大膽必須兼備。過去總習慣墨守成規，遵循傳統的製作概念，應用最熟悉的食材來做點心，似乎如此才覺得有「安全感」。其實，想想看，玩烘焙就和做菜一樣，不妨大膽利用食材，只要從製作到品嘗一切都合理化，能表現出最佳協調感，那就可以成立。

提到「辣」，腦海中會出現一堆辛香料的名字，像是荳蔻粉、肉桂粉、鬱金香粉、胡椒粉、五香粉，甚至Wasabi，應該都可以比照辦理添入其中，就當它是一種火熱迷人的香料餅乾吧！

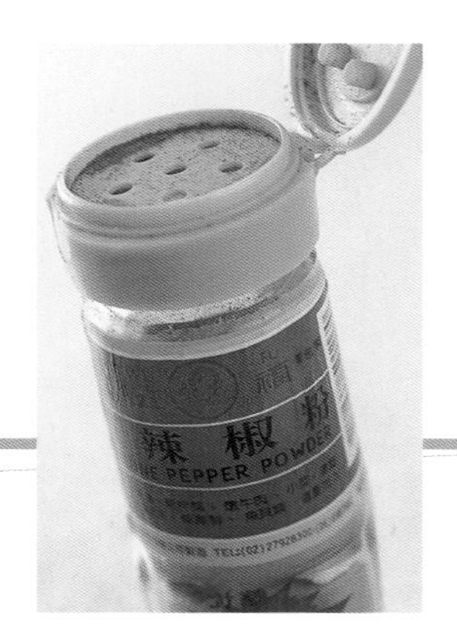

紅辣椒粉（Cayenne Pepper Powder）：是辛香料的一種，除具辛辣味外，添在點心麵糰中也具有上色效果，一般超市即可買到。

好友為伴，甜點助興，
無論是分享、傾吐彼此的生活心情，
還是喝咖啡聊是非，
不管到幾時也無所謂。

Part2 談心八卦的下午茶

設計重點：咖啡店、飯店流行的精緻糕點，隨性搭配咖啡或茶。

點心與飲品清單：

1.抹茶起士條

2.布朗尼＋果醬紅茶

3.松露巧克力小塔

4.美式重乳酪蛋糕

5.義式脆餅＋義式濃縮咖啡

抹茶起士條

入口的瞬間，滑順綿密。

份量 7條

準備事項
1.奇福餅乾裝入塑膠袋中，用擀麵棍壓成餅乾屑。
2.無鹽奶油隔熱水或微波加熱融化成液體。
3.奶油乳酪放在室溫下軟化。
4.吉利丁片用冰開水泡軟並擠乾水分。
5.準備1個14.5×14.5公分的方形慕斯框。

材料

A.餅皮：奇福餅乾40g 無鹽奶油15g

B.內餡：奶油乳酪（Cream Cheese）200g
牛奶100g 細砂糖40g 吉利丁片2片 抹茶粉2t

做法

1.餅皮：餅乾屑加融化的奶油用手混勻後直接鋪在慕斯框內（圖a），用手攤平並壓緊（圖b）。

2.奶油乳酪加細砂糖隔熱水加熱，用打蛋器攪勻成光滑狀（圖c），再分兩次加入牛奶拌成原味乳酪糊，接著加入抹搽粉，繼續拌成抹茶乳酪糊。

3.趁熱加入吉利丁片，確實攪拌均勻且融化。

4.將抹茶乳酪糊倒在餅皮上抹平表面，冷藏約2小時。

5.凝固後即可切成寬約2公分的長條狀。

a

b

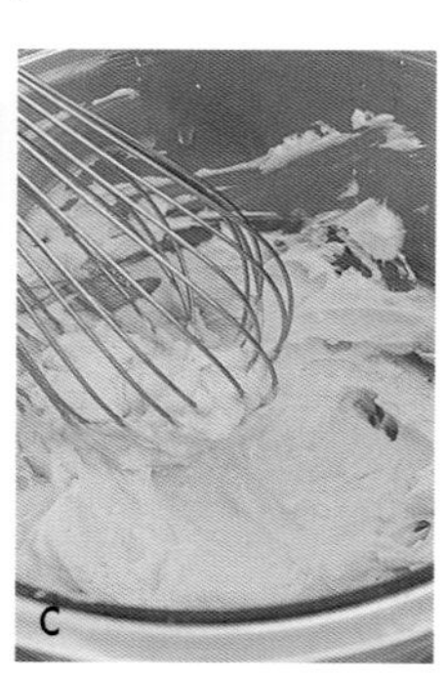
c

Tips

★奇福餅乾也可用消化餅乾代替，但須注意不同種類的餅乾吸油程度有差異，添加的奶油須適度增減，以能聚合成餅皮為原則。

★加入吉利丁片時，如呈現顆粒狀不易融化，可將乳酪糊再隔水加熱繼續攪拌。

孟老師的O.S.

在台灣吃甜點是幸福的，沒多久就發現糕餅店、咖啡店出現新玩意兒，尤其各式起士口味糕點爭奇鬥艷，令人目不暇給。但其實食材本身變化並不大，只不過在形象上做個改變，竟也能展現誘人風貌！

像這款冷藏式「抹茶起士條」就是許多起士饕客的寵兒，俐落的外表、細緻的組織，還沒吃似乎就能感受到它的入口即化。特別是餅皮上的起士與一般乳酪蛋糕的高度明顯不同，切割方式也突破傳統，細細品味，心情不自覺跟著優雅起來。毋庸置疑，甜點確是營造氣氛的高手。

1

2

奇福餅乾：市售的餅乾，除直接食用外，也可磨碎當做乳酪蛋糕或慕斯墊底用（圖1）。

抹茶粉：含兒茶素、維生素C、纖維素及礦物質，為受歡迎的健康食材，常添加在西點中，用來增加風味與色澤（圖2）。

口味延伸：

咖啡大理石起士條：在原來的材料中增加即溶咖啡粉2t與冷開水1t，拌成濃縮咖啡液，再與原味乳酪糊20g拌成咖啡乳酪糊備用。先將原味乳酪糊倒在餅皮上，再將咖啡乳酪糊裝入紙袋內，並在袋口剪個小洞，直接擠在原味乳酪糊表面，再用牙籤劃出大理石紋路，冷藏凝固即可。

布朗尼

最老少咸宜的美國巧克力蛋糕。

份量 16塊

準備事項

1.苦甜巧克力隔熱水加熱融化成巧克力液。
2.麵粉、泡打粉及小蘇打粉一起過篩。
3.烤箱預熱。
4.準備1個20×20公分的方形烤模。

孟老師的O.S.

如果把蛋糕擬人化，我覺得布朗尼（Brownies）在所有巧克力蛋糕族譜中，應是屬於小家碧玉型的一道甜點。外表樸實，卻散發無窮的魅力，在隨處可見的糕餅店或咖啡連鎖店中，你總會發現它的蹤跡。這道熟悉的點心，據說是一位美國媽媽無心插柳的傑作。她在製作蛋糕時，不小心忘了把奶油打發，結果卻意外的好吃，後來甚至成為最家常、最受歡迎的巧克力甜點。

這道很入門的布朗尼，不像海綿蛋糕或戚風蛋糕必須注意製作上的技術，也少了蛋還要打發的疑慮，只要選定高品質的材料，控制好烘烤的火溫，就能享受到布朗尼特有濕潤又濃醇的紮實口感。

材料

無鹽奶油150g 細砂糖100g 無糖可可粉20g
苦甜巧克力150g 全蛋3個 牛奶30g 低筋麵粉150g
泡打粉（B.P.）1/2t 小蘇打粉（B.S.）1/4t 碎核桃60g

做法

1.無鹽奶油與細砂糖隔熱水加熱至奶油融化，趁熱加入可可粉及苦甜巧克力液，用打蛋器攪拌均勻。
2.待稍降溫後，分三次加入全蛋，用打蛋器攪拌均勻。
3.先倒入1/3的三種混合粉料，接著加入牛奶一起攪拌均勻，最後將剩餘的粉料全部拌入，再用打蛋器以不規則方式輕輕拌勻。
4.麵糊倒入方形烤模，抹平表面並均勻撒上碎核桃，以上火、下火各180℃烘烤20分鐘左右。
5.出爐放涼後即可切成5×5公分的小塊食用。

Tips

★最好使用進口的苦甜巧克力，內含可可脂，製作出來的成品口感較好。
★蛋糕出爐前，須用小尖刀插入中心確認麵糊不沾黏。
★碎核桃也可直接拌入麵糊內烘烤。
★注意烘烤時間勿過頭，蛋糕組織才不至於太乾。

果醬紅茶

巧克力的濃郁口感，搭配帶有淡淡果香的紅茶，可以增加品嘗時的口感，同時也會間接降低布朗尼單純的甜膩。

Step 1 放果醬 參照P.25的伯爵紅茶泡好後，直接將個人喜愛的果醬口味倒入杯內攪勻即可（左圖）。

■因果醬已有甜味，紅茶內的糖分須減量或者不添加。
■趁熱倒入果醬，較易融化且釋放香味。

松露巧克力小塔

酗巧克力者不容錯過的塔中極品。

份量
約7個

準備事項
1.塔皮的無鹽奶油在室溫下軟化。
2.麵粉、無糖可可粉及小蘇打粉一起過篩。
3.烤箱預熱。
4.準備數個直徑7公分、高度2公分的塔模。

孟老師的O.S.

幾年前的巴黎烘焙之旅，在一家精緻的糕餅店CHRISTIAN CONTANT中，見識到這高貴的「松露巧克力小塔」，光可鑑人的巧克力內餡，濃郁又滑口，尤其配上酥鬆的巧克力餅皮，裡應外合、皮餡合一，堪稱塔中極品。

很現實的是，苦甜巧克力品質的高低，會直接考驗這道點心的口感，因此，一定要選用富含可可脂的苦甜巧克力來製作，才不妄賦予「松露」的美名。完成後的成品經過冰鎮，吃在嘴裡，香濃的巧克力滋味久久不散，值得酗巧克力的人細細品味。

材料

A.塔皮：細砂糖20g 無鹽奶油60g 全蛋15g 低筋麵粉65g 無糖可可粉10g 小蘇打粉1/8t

B.內餡：動物性鮮奶油100g 果糖50g 苦甜巧克力150g 無鹽奶油100g 白蘭地桔子酒1t

做法

1.塔皮：細砂糖加無鹽奶油用打蛋器拌勻，再加入全蛋續打至鬆發。
2.加入過篩後的粉料，用橡皮刮刀以不規則方式輕輕拌成麵糰狀，並用保鮮膜包好冷藏鬆弛30分鐘。
3.將麵糰分割成七等份，直接鋪在塔模上，用拇指的指腹將麵糰平均延展推平（圖a），並將多餘麵糰用刮板切掉（圖b）。
4.用叉子在塔皮上叉些小洞，以上、下火各180°C烘烤25分鐘左右，出爐放涼備用。
5.內餡：動物性鮮奶油加果糖隔熱水加熱約45°C左右，倒入苦甜巧克力，用橡皮刮刀攪拌至完全融化。
6.最後加入無鹽奶油及白蘭地桔子酒繼續拌勻成內餡。
7.內餡完全降溫後填入塔皮內，冷藏約30分鐘凝固即可。

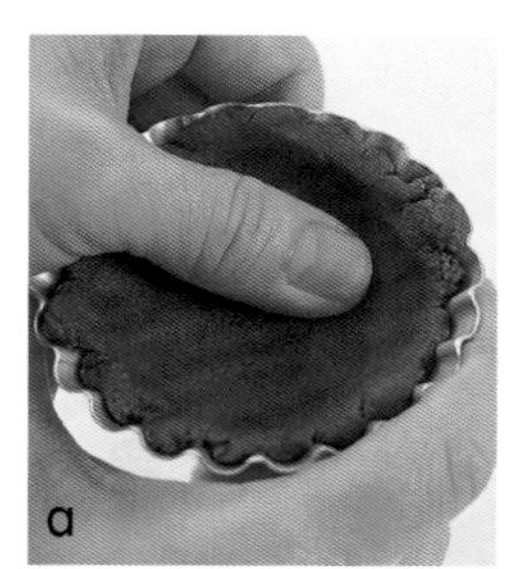
a

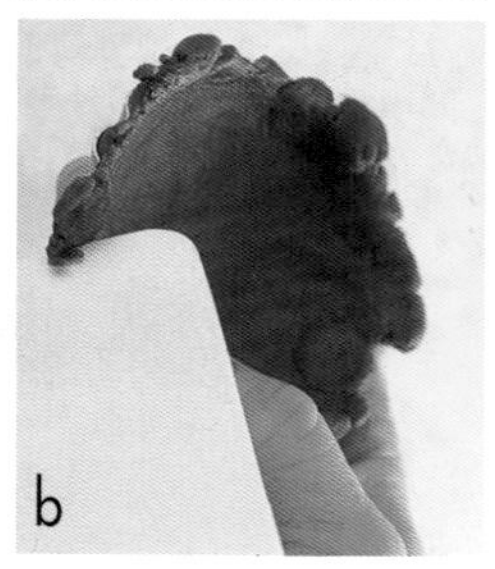
b

Tips

★進口的苦甜巧克力含可可脂，製作出的成品口感較好。
★判斷溫度45°C的標準是：用手可以觸摸的程度。
★如無法取得白蘭地桔子酒，也可用蘭姆酒（Rum）替代。
★材料中果糖的份量可隨個人嗜甜程度而增減。
★小蘇打粉1/8t的份量，是量匙1/4t的一半。

白蘭地桔子酒（Grand Marnier）：具香橙風味，酒精含量40%，適合添加在各式水果風味的醬汁、慕斯、蛋糕、冰淇淋及奶製品中調味，是製作西點時最常添加的高級水果香甜酒，也是雞尾酒中的調味用酒。

美式重乳酪蛋糕

最超人氣的乳酪蛋糕。

份量 1個

準備事項

1.準備1個6吋的活動圓烤模。
2.消化餅乾放入塑膠袋內，用擀麵棍壓成餅乾屑。
3.無鹽奶油隔水加熱或微波加熱融化成液體。
4.奶油乳酪放在室溫下軟化。
5.在圓烤模的底部墊一張蛋糕紙，以利脫模。
6.烤箱預熱。

材料

A.餅皮：消化餅乾120g 無鹽奶油30g
B.乳酪糊：奶油乳酪（Cream Cheese）400 g 細砂糖75 g
全蛋2個 酸奶油130g低筋麵粉10g 檸檬皮1個
檸檬汁2T 香草精1/2t

做法

1.餅皮：餅乾屑加融化的奶油用手混勻，直接鋪在圓形活動烤模內，用手攤平並壓緊。
2.乳酪糊：奶油乳酪加細砂糖用攪拌機以慢速拌勻，再分兩次加入全蛋攪拌。加入酸奶油及麵粉繼續用攪拌機拌勻，最後加入檸檬皮屑、檸檬汁及香草精，改用橡皮刮刀攪拌成均勻的乳酪糊。
3.將乳酪糊倒入餅皮上，在桌面多敲幾下以震出大氣泡。
4.在烤盤上倒入半杯的水，以上、下火各180℃烤20分鐘，再將上、下火各降10℃繼續烘烤約40分鐘左右。
5.出爐後，待15分鐘左右降溫，即可用小刀將烤模周圍劃開脫模，完全降溫後，再冷藏約5小時以上，即可食用。

Tips

★如無法取得酸奶油，可以原味優格代替。
★烘烤中，烤盤的水分烘乾後不需再加水。
★出爐前先用小刀確認麵糊沾黏，如出現的沾黏狀像非常小的細沙即可出爐（意指不需完全烤熟）。
★攪打乳酪糊時，如使用攪拌機須全程使用慢速，以避免乳酪糊過發，成品表面龜裂。
★要切出細緻的乳酪蛋糕，可將刀子先在火上稍微加熱再切，同時每切一次都須將刀子擦拭乾淨再加熱。

孟老師的O.S.

提到Cheese Cake，直接想到的應該是指美式重乳酪蛋糕，細緻的切面和金黃色的外表，是吸引眾人的焦點，因此幾乎是一般咖啡店中的必備商品。

相信只要是玩烘焙的人，對於乳酪蛋糕絕對不陌生，它製作簡單，材料又單純，輕輕鬆鬆很容易就能上手。但，如何表現乳酪細緻滑順的綿細口感在烘烤上可是一大考驗！低溫慢烤、細心觀察是不可少的步驟，若一不注意，表面龜裂、組織乾硬，赤裸裸的呈現可是很掃興的，所以，有時越簡單的東西越要講究。

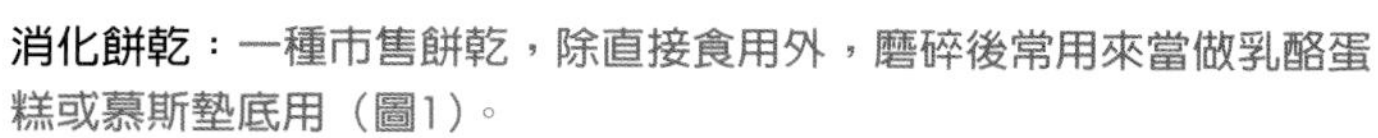

消化餅乾：一種市售餅乾，除直接食用外，磨碎後常用來當做乳酪蛋糕或慕斯墊底用（圖1）。
酸奶油（Sour Cream）：在凝結的牛乳中加乳酸菌製造而成，嘗起來微酸並呈固態狀，西餐料理中的常用食材，必須冷藏保存（圖2）。

1

2

義式脆餅

一次烘烤，美味加分的餅乾。

份量 約40片

準備事項

1.無鹽奶油放在室溫下軟化。
2.將麵粉及小蘇打粉混合過篩。
3.烤箱預熱。

材料

無鹽奶油50g 細砂糖80g 鹽1/4t 低筋麵粉250g
小蘇打粉1/4t 冷水60g 開心果粒及夏威夷豆各50g

做法

1.無鹽奶油加細砂糖及鹽用橡皮刮刀拌勻（圖a）。
2.分別加入過篩後的粉料及冷水（圖b），用手稍微混合，即可加入開心果粒及夏威夷豆（圖c），繼續搓揉成均勻且光滑的麵糰（圖d）。
3.用手將麵糰整形成厚約2～3公分的長塊狀（圖e），先以上、下火各180°C烘烤20分鐘左右，約呈七分熟即出爐（圖f）。
4.將烤過的麵糰完全放涼後，切成厚約0.5公分的薄片（圖g），再以上、下火各160°C回烤15分鐘左右。

Tips

★開心果粒及夏威夷豆可用任何堅果代替。
★冷水可用全蛋代替。
★麵糰內的各式堅果，製作前不須事先烘烤。

孟老師的O.S.

有別於一般的餅乾，這道義式脆餅的原文是Biscotti，意指必須經過兩次烘烤過程，將水分完全烤乾，才會顯現既硬又脆的特色。更特別的是，還有各式的香濃堅果交錯其中，單純的吃在嘴裡已是夠勁有味，如再沾上它的好搭檔Espresso，更能體會餅乾、堅果及咖啡的多層次口感。

吃甜點，當然也和品嘗好料理一樣，講原則、重搭配、吃氣氛，事事得考究。有人說享受甜點是一種幸福，在品嘗的當下，瞬間的愉悅幾乎滿足了全身的每一個細胞，你覺得呢？

a

b

c

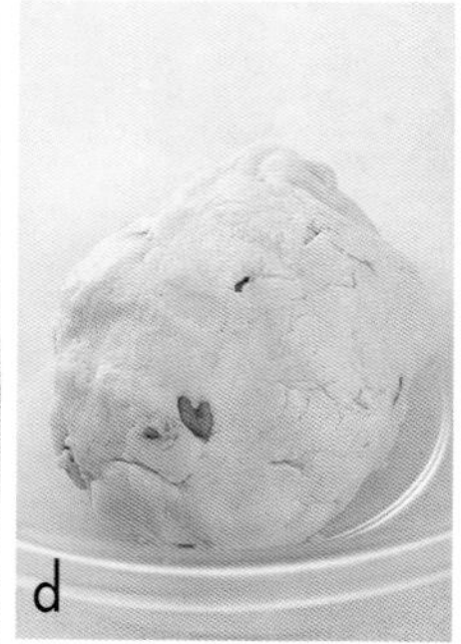
d

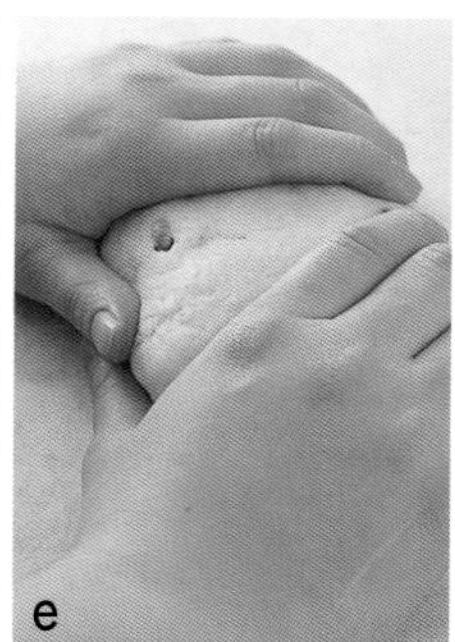
e

f

g

義式濃縮咖啡

份量
2杯

品嘗義式脆餅搭配義式濃縮咖啡，可以藉由餅乾的乾硬特性吸附原味的香濃咖啡液，是很具風味的經典組合。

Step 1 咖啡粉 將咖啡粉磨成細粉末（圖1）。

Step 2 放咖啡粉 將摩卡壺的底部旋轉開，並在壺底注入約100cc冷水，將2匙咖啡粉放入壺內的濾器內，將上下壺鎖緊後，放在爐火上（圖2）。

Step 3 等待 用小火燒煮約3分鐘左右，咖啡液開始沖到壺的上壺即可熄火（圖3）。

Step 4 完成 將煮好的咖啡，倒入義式濃縮咖啡專用杯內（圖4）。

- 所謂義式濃縮咖啡（Espresso）意指高壓且快速的咖啡沖煮法。
- 1杯義式濃縮咖啡的量約是25～30cc。
- 1杯份量約使用咖啡粉的量匙1匙＝7公克。
- 咖啡粉一定要磨成細粉末，咖啡味道才會釋放出來，如果無法在家現磨，購買時可請店家直接磨好。
- 要製作出完美的義式濃縮咖啡，需要新鮮的咖啡豆，如以義式咖啡機製作，較能快速瀝出咖啡液，而容易取得義式濃縮咖啡的精華紅褐色的克麗瑪Crema，圖中兩杯咖啡有Crema的，即為機器所製作的（圖5）。

卡布其諾咖啡

1

2

3

4

Step 1 **煮牛奶** 將120cc鮮奶倒入奶泡壺內，煮至約75°C左右。（圖1）

Step 2 **打奶泡** 將奶泡壺的濾器上下快速拉動約30下，即可靜置備用。（圖2）

Step 3 **倒牛奶** 用湯匙撥開熱牛奶表面的奶泡，先將熱牛奶倒入盛有義式濃縮咖啡的杯內。（圖3）

Step 4 **取奶泡** 最後用湯匙將奶泡舀到牛奶的表面即完成。（圖4）

■義式濃縮咖啡可再製成卡布其諾咖啡。

■卡布其諾咖啡的杯子比義式濃縮咖啡的杯子大，容量約150cc。

開心果粒（Pistachio）：含豐富的葉綠素，果實呈深綠色，屬高價位食材，常用於烘焙中或西點裝飾，必須冷藏保存（左圖）。

夏威夷豆（Macadamia）：是油脂含量高的堅果，口感酥脆，用於烘焙中或西點裝飾，必須冷藏保存（右圖）。

悠閒的午後，製作幾樣精緻小點，
展現一下自己的巧手，
和親密愛人訴說著甜蜜心事。

Part3 情人約會的下午茶

設計重點：兩人的世界，點心種類不必多，但是以口感豐富為原則。

點心與飲品清單：

1.藍莓夾心馬芬

2.薰衣草奶酪＋抹茶熱拿鐵

3.玫瑰心型餅乾

4.焦糖椰香慕斯

5.檸檬馬林雪球＋冰拿鐵咖啡

草莓夾心馬芬

喚起心中的甜美滋味。

份量 約6個

準備事項

1.新鮮草莓洗淨，擦乾水分切除蒂頭。

2.烤箱預熱。

3.準備6個直徑7.5公分、高5公分的紙杯。

材料

A.無鹽奶油100g 細砂糖135g 蛋3個 牛奶100g 低筋麵粉230g 泡打粉2t

B.草莓夾心餡：新鮮草莓200g 細砂糖50g 果糖3t 玉米粉1/2t

做法

1.草莓夾心餡：草莓用料理機攪碎，加入細砂糖及果糖用小火煮至沸騰，約5分鐘後加入玉米粉，邊煮邊攪至濃稠狀，放涼後備用（圖a）。

2.無鹽奶油隔水加熱融化成液體狀，加細砂糖用打蛋器攪拌均勻，接著分別加入全蛋及牛奶繼續拌至均勻。

3.麵粉及泡打粉一起過篩，倒入做法2.的液體中，用橡皮刮刀輕輕拌成麵糊狀。

4.將麵糊倒入馬芬紙杯內約1/2的量，並將麵糊推抹在紙杯上（圖b），再填入約1T的草莓夾心餡（圖c），最後再將麵糊加入約八分滿（圖d）。

5.以上火180℃、下火180℃烘烤30分鐘左右。

Tips

★如沒有料理機攪碎新鮮草莓，也可用刀子直接切碎。

★製作草莓夾心餡時，可視新鮮草莓含水量多寡來斟酌火候大小，確實將水分熬煮收乾即可。

★必須用小尖刀插入蛋糕中心，確認麵糊沒有沾黏才可出爐。

孟老師的O.S.

十幾年前，還沒吃過馬芬時，總以為那不起眼的外觀，和一般杯子蛋糕能有什麼兩樣？當然也就沒興趣吃、沒興趣做；直到有一年在舊金山，第一次見識、吃到真正的馬芬，不但到處有，而且口味多得嚇人，才驚覺其通俗外表下還隱藏著美味內涵，濕潤的蛋糕組織、濃郁的品嘗口感，讓人回味無窮。

令人讚嘆的是，和餅乾一樣，馬芬也很容易利用各式食材輕易變換出不同口味。只要能突顯特殊風味並兼顧品嘗的協調感，都可一試，再次證明，平凡的點心也可擁有不平凡的美味！

a

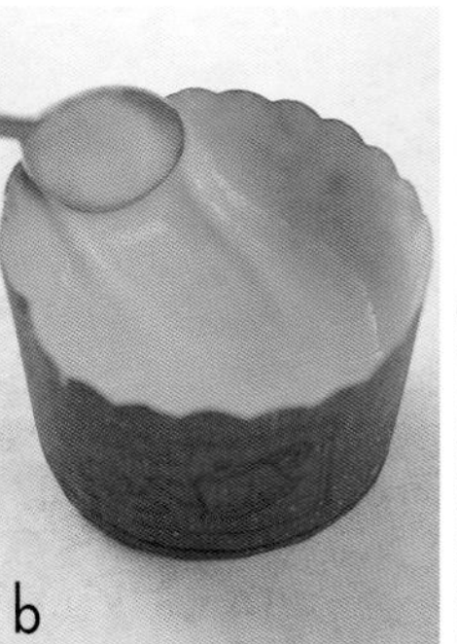
b

c

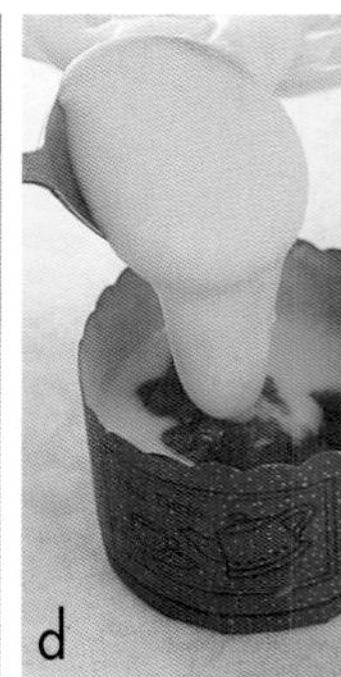
d

果糖：為液體糖漿，用於烘焙中，除作為甜味劑外，還可使成品具保濕作用。

薰衣草奶酪

優雅迷人的香氣，散發無限風情。

份量 約5個

準備事項

1.吉利丁片用冰開水泡軟（圖a），並擠乾水分（圖b）。

2.準備5個直徑6.5公分、高4.5公分的陶碗。

材料

牛奶400g　細砂糖100g

乾燥薰衣草2T

吉利丁片6片

做法

1.牛奶加乾燥薰衣草及細砂糖用小火煮至糖融化。

2.熄火後，趁熱加入吉利丁片，攪拌至吉利丁片完全融化成奶酪糊。

3.繼續靜置浸泡約10分鐘，再瀝乾薰衣草，將奶酪糊倒入容器內，放入冰箱冷藏，待凝固後即可。

a

b

Tips

★乾燥薰衣草依不同品種，色澤與味道會有差異，浸泡時間越久，味道越濃郁。份量可隨個人喜好增減。

★浸泡吉利丁片除使用冰開水外，最好再加入冰塊，吉利丁片才不易溶在水中。

孟老師的O.S.

做奶酪很容易，材料又簡單，輕輕鬆鬆就可端上桌，但要在原有奶味中增添其他味道，可就得費點心思了。

現代人對於香草都不陌生，拿來入菜做點心極其合理，但無論如何，香草總是配角，如何襯托主味又不搶味，才是應用之道。所以，這道「薰衣草奶酪」中所添加的乾燥薰衣草，份量與浸泡時間得要拿捏合宜，讓若有似無的香草滋味，成了情人渴想的夢幻奶酪。

1

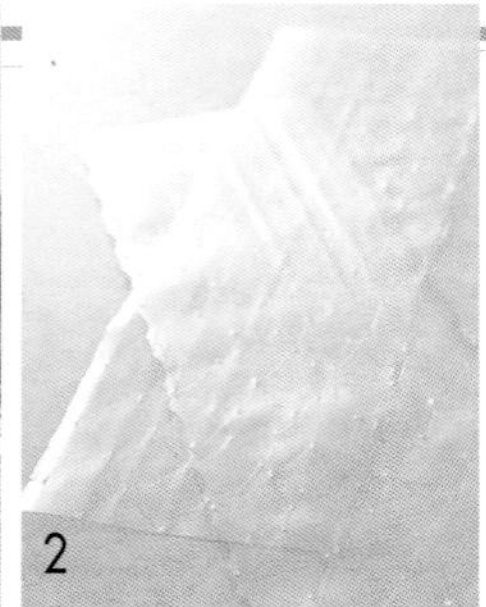

2

乾燥薰衣草：可直接泡水後飲用，對鎮定神經、紓解頭痛、治療失眠等皆有助益（圖1）。
吉利丁片：呈透明的片狀，使用前必須用冰開水泡軟，並擠乾水分。由動物骨膠抽取而成，常作為慕斯、果凍及布丁的凝固劑（圖2）。

熱抹茶拿鐵

薰衣草奶酪與熱抹茶拿鐵，冷熱口感交互在口中蔓延，淡淡薰衣草奶酪的香氣夾在溫熱的抹茶拿鐵中，延伸出另一層次的風味。

Step 1 **倒咖啡**　將煮好的義式濃縮咖啡倒入咖啡杯內備用（圖3）。

Step 2 **調抹茶牛奶**　將120cc牛奶煮至75℃，趁熱加入少許抹茶粉攪勻呈淺綠色的熱牛奶（圖4）。

Step 3 **倒牛奶**　先倒入牛奶再取奶泡至咖啡的表面（圖5）。

Step 4 **撒抹茶粉**　在奶泡表面撒上少許的抹茶粉（圖6）。

■煮咖啡方法參考P.44，打奶泡的方法可參考P.45　。

■抹茶粉的量可依個人喜好作增減。

3

4

5

6

玫瑰心型餅乾

貫穿視覺與味蕾的甜蜜滋味。

份量 約30片

準備事項

1.無鹽奶油放在室溫下軟化。
2.乾燥玫瑰花用手捏碎並將花萼取出（圖a），再加冷水浸泡約10分鐘。
3.烤箱預熱。
4.準備數個長、寬各4公分的心型模型。

材料

糖粉50g
無鹽奶油100g　鹽1/4t
低筋麵粉180g
小蘇打粉1/4t　乾燥玫瑰花15g　冷水1T

a

做法

1.無鹽奶油加糖粉及鹽先用橡皮刮刀攪拌均匀，再用攪拌機攪打至奶油呈鬆發狀。
2.一起篩入麵粉及小蘇打粉，再同時加入浸泡水分的乾燥玫瑰花，用手輕輕抓揉混合成麵糰狀。
3.將麵糰擀成約0.5公分的厚度，再用心型模型切割麵糰。
4.以上火170℃、下火160℃烘烤20分鐘，再以上火160℃、下火150℃烘烤10分鐘左右即可。

Tips

★烘烤時火溫勿太高，以保持玫瑰花色澤與香味。
★浸泡後的乾燥玫瑰花，直接拌入材料中，不須擠乾水分。

孟老師的O.S.

在所有食物中，我覺得就屬甜點最具「情境」效果了，你可以因時、因地、因人來創作，不管是營造氣氛還是投其所好，輕而易舉可以在甜點上大作文章。

在台灣，只要碰到特殊節日，糕點師傅就會端上應景點心。情人節蛋糕總得出現幾朵玫瑰花，母親節蛋糕少不了愛心形象，而平凡無奇的糕點若妝點上紅、綠相間的小飾品，聖誕節的氣氛就油然而生。不妨試試看這個「玫瑰心型餅乾」的氣氛指數有多高？

乾燥玫瑰花：含單寧酸、類黃酮及玫瑰精油，有促進血液循環、舒緩等效果。

焦糖椰香慕斯

積縕口中久久不散的雙重風味。

份量 2個

準備事項

1.吉利丁片用冰開水泡軟並擠乾水分。

2.準備2個直徑11公分、高度4公分的容器。

孟老師的O.S.

想要做出好吃的慕斯，懂得「調味」是成功的不二法門。從現在開始，你可以從所謂好吃的慕斯中，試圖尋找裡面該有的元素。舉例來說，多年前，我在《食全食美》節目中示範的芒果慕斯，就被當時的女主持人張淑娟小姐視為是人間極品。說穿了，這靠的就是調味。

在慕斯餡料中，無論是添加幾滴白蘭地還是混合一些搭配性的素材，都有其必要性，否則單一的味道永遠寂寞，怎麼樣也激盪不出美味的火花。這道「焦糖椰香慕斯」所搭配的焦糖香，具有畫龍點睛的效果，恰到好處的甜膩出現得很巧妙。

材料

牛奶100g 椰子粉15g 細砂糖20g 椰奶85g
吉利丁片3片 動物性鮮奶油160g
焦糖醬汁：細砂糖30g 果糖15g 動物性鮮奶油80g

做法

1.牛奶加椰子粉及細砂糖煮至糖融化，熄火後再放入椰奶拌勻。

2.趁熱加入吉利丁片（圖a），確實攪拌均勻並融化，接著隔冰水降溫至濃稠狀（圖b）。

3.將動物性鮮奶油打至七分發（鮮奶油成濃稠狀，但仍有流動的感覺）（圖c）。

4.先用橡皮刮刀舀出1/3的量（圖d），與做法2.的濃稠物用打蛋器拌勻，再將剩餘的量加入（圖e），全部拌勻即成慕斯餡。

5.將慕斯餡分別倒入容器內，冷藏約2小時凝固。

6.焦糖醬汁：細砂糖加果糖用小火煮至糖水稍上色時（圖f），即開始將動物性鮮奶油另外加熱，待糖水成焦糖色時（圖g），再將熱鮮奶油慢慢倒入焦糖內（圖h），用湯匙輕輕拌勻。

7.待焦糖醬汁完全冷卻後，淋在慕斯表面即可。

Tips

★製作慕斯使用動物性鮮奶油口感較好。

★動物性鮮奶油打至七分發即可，口感才會細緻。

★煮焦糖醬汁時，須注意兩個重點：1.煮糖水時不要快速攪拌，如鍋邊有燒焦現象，可用毛刷沾少許水刷在鍋邊降溫。2.動物性鮮奶油加熱至即將沸騰即可。

1

2

椰子粉：由椰子果實製成，加工後有不同的粗細，含食物纖維，常用於烘焙中增加風味（圖1）。

椰奶（Coconut Milk）：由椰肉研磨加工而成，含椰子油及少量纖維質，常用於甜點中增加風味（圖2）。

a
b
c
d
e
f
g
h

檸檬馬林雪球

讓愛情昇溫的舌尖秘密。

準備事項

1.檸檬洗淨後，先刮皮屑再擠檸檬汁。
2.烤箱預熱。

材料

蛋白50g 細砂糖60g 檸檬皮1個 檸檬汁1t 玉米粉1t 低筋麵粉5g

做法

1.蛋白先用攪拌機打至濕性發泡（圖a），再分三次加入細砂糖（圖b），快速打發至呈小彎勾的乾性發泡（呈九分發狀態）（圖c）。
2.加入檸檬皮及檸檬汁快速拌勻（圖d）。
3.最後加入玉米粉及低筋麵粉，使用橡皮刮刀確實拌勻成蛋白糊。
4.將蛋白糊裝入擠花袋中，用尖齒花嘴擠出直徑約3公分的螺旋球形（圖e），以上火160°C、下火150°C烘烤約60分鐘左右，待外表成硬殼狀即可。

Tips

★判定七分發的蛋白為濃稠狀，無法被撈起來（圖f）；打至八分發時可被撈起來（圖g）。
★使用低溫慢烤方式將成品的水分完全烤乾。
★放檸檬汁，可改成1/4t的塔塔粉替代，以增加蛋白的穩定性。

a

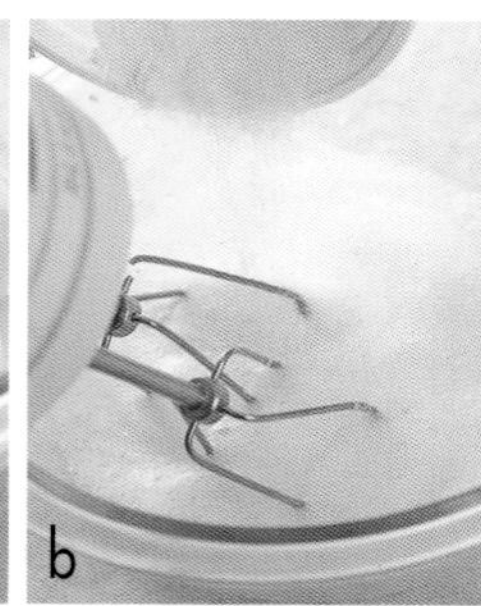
b

c

d

e

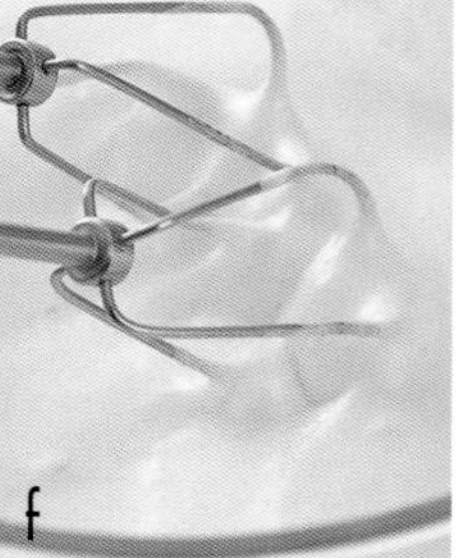
f

g

孟老師的O.S.

所謂「馬林」(Meringue)，就是蛋白與細砂糖經過攪打後，拌入大量空氣，再利用熱糖漿熟化，變成既細緻又光澤的膨鬆蛋白。

單純烘烤馬林，可將原本軟綿綿的蛋白定型成一個堅固的外觀，也就是蛋白糖。較令人印象深刻的是，聖誕節薑餅屋常出現玲瓏可愛的小草菇，就是蛋白糖的傑作。

既然這道「檸檬馬林雪球」是以蛋白做為主體，可以想見它的口感一定非常特殊。為了避免單調的甜味，特別添加提味的檸檬，再額外增加麵粉及玉米粉，即可賦予馬林新風貌。這道甜點可讓你體會一下，大量蛋白遇到大量砂糖所產生的奇妙變化與前所未有的口感。

冰拿鐵咖啡

1

2

3

較具甜味的檸檬馬林雪球，搭配不加糖的冰拿鐵咖啡飲用，可緩衝單純的甜膩感，同時加強口感的多層次。

Step 1 **冰杯子** 將玻璃杯先放在冰箱內冰一下，並裝些冰塊（圖1）。

Step 2 **倒冰牛奶** 倒入約150cc的冰牛奶（約為義式濃縮咖啡的6倍）（圖2）。

Step 3 **倒咖啡** 倒入義式濃縮咖啡1杯的量，並用手慢慢將杯子稍稍旋轉，即會出現曲線及層次（圖3）。

■放入冰牛奶的量，可視個人的口感做增減。

■義式濃縮咖啡可事先煮好稍降溫，與冰牛奶混合時較理想。

MARQUE DÉPOSÉE
LONDON
ENGLAND

逃離繁雜瑣碎的工作，
營造一個放鬆的心情，
期待一場簡便又優雅的速成下午茶。

Part4 快速方便的下午茶

設計重點：以市面上現有的半成品為素材，省時省力的運用。

點心與飲品清單：

1.杏仁酥片

2.蘋果酥派＋桂圓枸杞紅棗茶

3.酥炸葡萄奶酥＋玫瑰紅茶

4.甜酥脆片

5.麵包布丁

杏仁酥片

多層次的酥脆美妙口感，讓人難以抗拒。

份量 12片

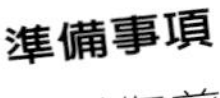

準備事項

1.製作前5分鐘，再將起酥片從冷凍庫中取出回軟。

2.烤箱預熱。

材料

起酥片2片　糖粉25g　蛋白10g　杏仁片適量

做法

1.糖粉加蛋白用湯匙攪拌均勻（圖a），呈光澤狀的糖霜備用。

2.將每片起酥片切割成6片的長方形（圖b），再將做法1.的糖霜均勻刷在起酥片表面（圖c），最後放上適量的杏仁片（圖d）。

3.以上火190℃、下火180℃烘烤20分鐘左右成金黃色即可。

Tips

★須用高溫烘烤，使成品快速膨脹定型。

★製作糖霜時須多攪拌，糖粉才會融化且呈光澤狀。

★杏仁片也可用杏仁粒或切碎的核桃粒代替。

孟老師的O.S.

一般人若想要在家DIY做個千層酥皮之類的東西，有時受限於設備與素材，常常不是室溫過高油化了，就是麵皮延壓的厚度不理想，製作起來總是挺折騰人的。

看到「杏仁酥片」，還沒吃即會有層次與酥脆的雙重印象，想要立即享受美味，可以取巧的利用市售的半成品，既方便又快速，還能立刻擁有成就感。

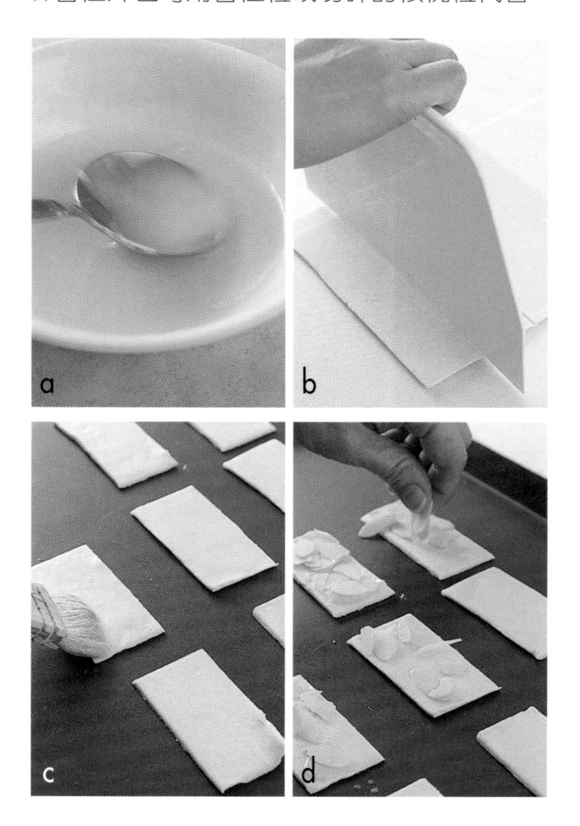

起酥片：為市售產品，必須冷凍保存，經高溫烘烤後，成品具層次感。

蘋果酥派

現烤現吃的熱騰騰美味。

份量 4個

準備事項

1.製作前5分鐘，再將起酥片從冷凍庫中取出回軟。
2.青蘋果削皮去籽，再切成丁狀。
3.烤箱預熱。

蘋果的甜美與酥皮的鬆脆所營造出的味覺平衡感，最教人迷戀。尤其當蘋果酥派剛出爐時，黃澄澄、圓鼓鼓的模樣，我想沒幾個人抗拒得了。

在台灣，隨處可見的速食店都有販賣這種長條形的蘋果酥派，有時候為了方便，我也會買來解饞一下，但總覺得不夠味也不過癮。其實自己只要炒個餡料直接包餡，很快、也很容易即可享受這道「懶人點心」。

製作蘋果酥派，最好選用耐煮、耐熱的青蘋果，本身的酸度加上少許的砂糖，經過加熱後仍具口感與彈性，再與酥皮高溫烘烤，既爽口又美味。

材料

起酥片4片　青蘋果200g　細砂糖20g　無鹽奶油10g　肉桂粉1t　玉米粉1/2t　全蛋1個

做法

1.蘋果丁加細砂糖用中火煮至糖融化且蘋果稍微變軟（圖a），接著放入無鹽奶油、肉桂粉及玉米粉拌炒至濃稠狀（圖b）。
2.起酥片內包入約2湯匙的蘋果內餡，並用刷子沾蛋液塗抹邊緣（圖c），再將起酥片對摺，以叉子將封口壓緊（圖d）。
3.表面每隔一公分處劃上刀口（圖e），再刷上均勻的蛋液，以上火190°C、下火180°C烘烤20分鐘左右呈金黃色即可。

Tips

★須用高溫烘烤，使成品快速膨脹定型。
★青蘋果200g是指去皮去籽的重量。
★蘋果因品種或熟度不同，含水量也有差異，添加的玉米粉可適度增減，以湯汁收乾為原則。

1

2

桂圓枸杞紅棗茶

清爽的桂圓枸杞紅棗茶可化解蘋果酥派的油膩，同時兩者不同的甜味互相融合後，非常順口。

Step 1 **備料** 準備沸騰的滾水500cc、桂圓15g、枸杞3g、紅棗15g。
Step 2 **處理** 先將紅棗用剪刀剪開，較易入味（圖1）。
Step 3 **完成** 沖入沸騰的滾水，再放回保溫座上燜泡約5分鐘即可飲用（圖2）。

■桂圓、枸杞及紅棗的份量可依個人口味做增減。
■最好將材料先用小火熬煮10分鐘後，再繼續燜，茶湯的味道較重。
■熬煮時，水分可加至800cc。

a
b
c
d
e

酥炸葡萄奶酥

餡多綿軟，飢腸轆轆的最好選擇。

份量 5個

準備事項

1. 切除白土司四周的外皮。
2. 無鹽奶油放在室溫下回軟

材料

A.白土司5片　全蛋1個　麵包粉 1杯

B.奶酥餡：無鹽奶油50g　細砂糖30g　全蛋10g　奶粉50g　葡萄乾15g　蛋液（沾土司）50g

做法

1. 奶酥餡：無鹽奶油加細砂糖用橡皮刮刀攪拌均勻，再加入全蛋及奶粉拌勻，最後將葡萄乾混合在奶酥餡中。
2. 取1大匙奶酥餡包在白土司內（圖a），對摺成一個三角形，用手沾些蛋液抹在土司邊黏緊（圖b），並在土司兩面沾裹均勻的蛋液，最後再沾上麵包粉（圖c）。
3. 用油溫約170°C炸成金黃色即可。

a

Tips

★麵包粉油炸上色速度很快，注意油溫勿太高。

★測試170°C的油溫可將少許麵包粉丟入油鍋中，如麵包粉上的油泡緩慢滾動即可。

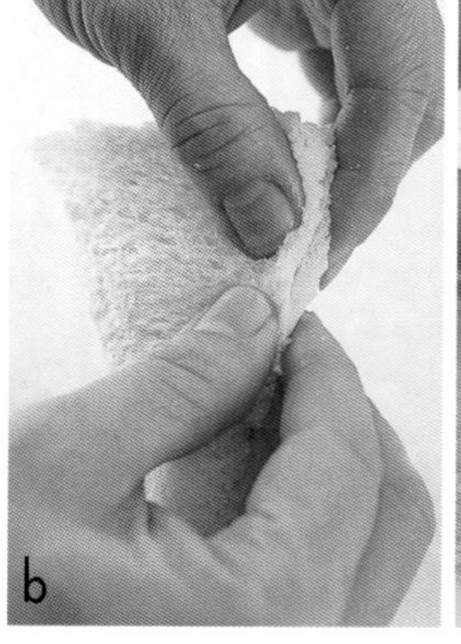

b

c

孟老師的O.S.

奶酥麵包的美味是很多人吃麵包的共同記憶，軟綿綿的麵包內包著奶味十足的餡料，尤其在飢腸轆轆的時刻，狼吞虎嚥吃它幾大口，真是過癮又滿足。

愛吃奶酥的你，也可自行調配餡料，再買個現成的白土司，從包餡、沾蛋液到油炸，簡單又容易，不用幾分鐘即能享受剛起鍋時的美味。

1

2

玫瑰紅茶

稍具青澀味的玫瑰紅茶，可中和酥炸葡萄奶酥的油膩感，同時玫瑰紅茶淡淡的香氣，搭配油炸的東西，使得口感更好。

Step 1 **準備**　溫壺後，放入2匙的茶葉。

Step 2 **備料**　放入數朵乾燥玫瑰花（圖1）。

Step 3 **完成**　注入約500cc沸騰滾水，燜煮約2分鐘即可（圖2）。

■使用任何紅茶品種均可。

■燜煮的時間可依個人喜好做調整。

■也可在茶湯內添加蜂蜜或果醬飲用。

甜酥脆片

酥脆滋味，驚喜無限。

份量
10片

準備事項

1.無鹽奶油隔熱水或微波加熱融化成液體。
2.烤箱預熱。

材料

法國麵包10小片 無鹽奶油100g 粗砂糖50g

做法

1.將法國麵包切成約0.2公分厚的薄片。
2.在法國麵包薄片正反兩面用刷子沾上融化的奶油，並在表面撒上均勻的粗砂糖。
3.以上火190℃、下火180℃烘烤20分鐘左右成金黃色即可。

Tips

★法國麵包放在室溫下約1天左右，待完全風乾後，製作效果較酥脆。
★如喜歡吃奶油濃厚的味道，可將法國麵包片直接浸泡在奶油液中，瀝乾多餘油份後再烘烤。

孟老師的O.S.

甜點世界裡，如果也要以外貌來判斷是否美味，那肯定要錯失很多品嘗機會了。像這道「甜酥脆片」雖然其貌不揚，只是利用法國麵包切成薄片沾油、裹糖烘烤而成，但完成後吃在嘴裡，麵包再也不是麵包了。只需稍微加工一下，就可搖身一變成為另一項可口酥脆的小餅乾。

又薄又脆的口感，如再搭配一球香草冰淇淋，立刻讓美味升級。另外，如應用在慕斯的裝飾，也有另一番效果。

麵包布丁

濃郁存留口腔的奢侈滋味。

份量 1碗

準備事項

1.切除白土司的外皮。
2.無鹽奶油融化成液體。
3.葡萄乾浸泡在蘭姆酒中。
4.烤箱預熱。
5.準備1個最長處21公分、最寬處14公分、高4公分的橢圓形烤皿。

材料

A.白土司3片 無鹽奶油50g 葡萄乾15g 蘭姆酒1T

B.布丁液：牛奶300g 動物性鮮奶油30g 細砂糖50g 香草豆莢1/2根 全蛋3個 蛋黃1個

做法

1.每片白土司切成4小片，以上、下火各170°C烘烤10分鐘左右。
2.將烤過的土司均勻沾上融化的奶油（圖a），直接鋪在烤皿內備用。
3.布丁液：全蛋與蛋黃放在同一容器中，用打蛋器攪散成蛋液。
4.香草豆莢用小刀剖開後（圖b），將籽取出（圖c），連同外皮一起與牛奶、動物性鮮奶油及細砂糖用小火煮至糖融化，再沖入蛋液中攪拌均勻（圖d）。
5.布丁液過篩後倒入烤模內（圖e），放上葡萄乾及浸泡葡萄乾的蘭姆酒（圖f）。
6.上火180°C、下火190°C以隔水方式蒸烤約35分鐘左右，待布丁呈固態狀即可。

Tips

★鋪入烤皿內土司塊可依個人喜好增減。
★隔水蒸烤時水量不要太少，最好高度約達烤皿的0.5公分以上。
★如無法取得香草豆莢，可用香草精1/2t代替。

孟老師的O.S.

有時候你會發現，玩烘焙與做料理有著異曲同工之妙，都會將一些吃剩、用剩的東西再一次利用。即使NG的蛋糕也不要丟掉，將其拌合在麵糊中，就可做出既濃郁又香醇的餅乾；至於食之無味、卻又棄之可惜的白土司，也能搖身一變成為有名的英式布丁甜點。

有別於傳統的焦糖布丁，這種內容豐富的麵包布丁，似乎很能掩蓋烘烤過程的瑕疵。因為在食用時的焦點，絕對是鎖定在滋味的層次變化上。當乾巴巴的土司塊吸滿了奶油，再加上浸泡過蘭姆酒的葡萄乾，便使得烤好後的成品增添了多層次的豐富口感。

除了以上的基本美味元素外，你還可添加其他各種新鮮水果，例如：草莓、覆盆子及櫻桃等，都能與香滑細嫩的布丁做完美結合。當熱騰騰剛出爐的那一刻，也正是最佳品嘗時刻，吃上一口，保證幸福又滿足。

香草豆莢（Vanilla）：為蘭科藤類植物，具豐富香醇的味道，常用在奶製品的點心中增加香氣，並突顯甜味的效果。

a
b
c
d
e
f

熱量低一點，美味依舊在，
享受悠哉沒有負擔的下午茶。

Part5 享「瘦」甜美的下午茶

設計重點：低脂、低糖為重點，□味偏向清淡爽□。

點心與飲品清單：

1.蔓越莓酥餅＋冰紅茶

2.葡萄起士蛋糕

3.茄紅素蛋糕

4.草莓乳酸慕斯

5.黑棗核桃糕＋香草花茶

蔓越莓脆餅

高纖的口感，愈咀嚼愈香。

準備事項

1.蔓越莓切成碎末。
2.無鹽奶油放在室溫下軟化。

孟老師的O.S.

這年頭，做點心真是幸福，除了有精準的配方，還有豐富的食材可加利用。有時新素材就是促成創意的源頭，尤其當看到國外糕點師傅每一次處理新食材，都會讓我很興奮，因為一項新的點心很可能就此產生。

這個「蔓越莓脆餅」很符合健康養生的概念，其添加的燕麥片與蔓越莓，很能增加咀嚼性，在掌握食材特性的原則下做點心，更能讓你為所欲為、得心應手。

材料

無鹽奶油50g 金砂糖40g 鹽1/4t 蛋白70g
低筋麵粉50g 小蘇打粉1/4t 燕麥片70g
蔓越莓乾20g

做法

1.蛋白與燕麥片先混合均勻備用。
2.無鹽奶油、金砂糖及鹽用攪拌機拌勻，再同時篩入麵粉及小蘇打粉，用橡皮刮刀稍微拌合一下。
3.加入切碎的蔓越莓乾及做法1.的蛋白燕麥片，用手將所有材料抓揉混合成麵糰。
4.取大約10g的麵糰揉圓，在烤盤上壓平至厚約0.2公分的薄片狀，再以上火160°C、下火150°C烘烤約20分鐘左右。

Tips

★盡量將麵糰整形成薄片狀，口感較好。
★以低溫慢烤為原則，將水分完全烤乾，口感即會酥脆。

金砂糖（Brown Sugar）：又稱二砂糖，添加在糕點中當作甜味劑外，還有上色效果。

1

2

冰紅茶

餅乾的油份較低，搭配冰紅茶可增加滑口的順暢感，同時與餅乾淡淡的蔓越莓果香味很諧調。

Step 1 **泡茶** 玻璃壺內先放約5g紅茶，再將沸騰的滾水約250cc注入壺內，燜泡約2分鐘（圖1）。
Step 2 **完成** 玻璃杯內放入適量冰塊，再將泡好的紅茶注入，急速降溫後即可飲用（圖2）。

■冰紅茶在飲用時有添加冰塊，必須將紅茶泡得濃一些，味道才不會被稀釋。
■可加些蜂蜜或果糖增加甜味，或再放一片檸檬增加香氣。

葡萄起士蛋糕

餘韻猶存的清爽美味。

份量
1個

準備事項
1.奶油乳酪在室溫下回軟。
2.吉利丁片用冰開水泡軟，並擠乾水分。
3.消化餅乾放入塑膠袋內，用擀麵棍壓碎成餅乾屑。
4.無鹽奶油以隔熱水加熱或微波加熱方式融化成液體。
5.準備1個6吋圓形活動烤模。

材料

A.餅皮：消化餅乾60g 無鹽奶油15g

B.乳酪糊：奶油乳酪（Cream Cheese）150g
細砂糖50g 牛奶250g 葡萄原汁50g 吉利丁片3片

C.裝飾：新鮮葡萄約50顆 杏桃果膠50g
冷開水40g

做法

1.餅皮：餅乾屑加融化的奶油用手混合均勻，直接鋪在6吋的活動烤模內，用手攤平並壓緊。

2.乳酪糊：奶油乳酪加細砂糖用打蛋器以隔水加熱方式攪拌均勻，加入牛奶及葡萄原汁繼續拌勻。

3.將做法2.的乳酪糊趁熱加入吉利丁片，用打蛋器確實攪拌均勻並融化，最後倒入餅皮上。

4.放入冰箱約2小時冷藏凝固後，即可在表面鋪上剝皮後切半的新鮮葡萄裝飾。

5.杏桃果膠加冷開水用小火煮至果膠完全融化，待稍降溫後即可直接淋在葡萄表面，再冷藏凝固約10分鐘即可。

Tips

★葡萄原汁是新鮮葡萄去皮去籽後，用食物料理機攪打過濾取得。

★國產葡萄肉質較軟，可輕易攪打成泥狀，不須過篩可直接使用。

★脫模的方式，除用噴火槍外，還可利用熱毛巾敷在模型外，或是用吹風機將模型外加熱，即可順利脫模。

孟老師的O.S.

起士的魅力在於享用過後餘韻猶存的美味。製作糕點的過程中，起士常以新鮮水果來提味，以突顯清爽宜人的好口感，這道「葡萄起士蛋糕」就是典型的例子。

其實，還有許多新鮮水果也非常適合添入其中，像是百香果、奇異果及草莓等，水分含量很多的鳳梨也不錯。總之，水果之於起士，就這道甜點而言，是美味的重點，很適合酷愛清淡口味的人食用。

杏桃果膠：是從水果中抽取而來的膠質，常用於慕斯蛋糕表面的裝飾，具光澤效果，使用前須加水煮至融化（左圖左）。
鏡面果膠：常用於慕斯蛋糕表面的裝飾，具光澤效果，攪拌後呈流質狀即可直接使用（左圖右）。

茄紅素蛋糕

絲緞般柔細，美味零負擔。

份量
1個

準備事項
1.麵粉與泡打粉一起過篩。
2.細砂糖60g與塔塔粉放在同一容器中。
3.烤箱預熱。
4.準備1個8吋中空活動圓形烤模。

孟老師的O.S.

第一次利用番茄來做點心，說實在，心理稍有排斥感，深怕番茄的青澀味混淆了蛋糕原有的香氣，想不到結果卻是風味出奇好。在《食全食美》節目試吃時，我還記得主持人張本瑜小姐的表情從眉頭深鎖到眉開眼笑，幾乎只有數秒鐘的時間。

這就是做點心的化學變化，有時很難憑空想像一個新素材的搭配性，素材本身的酸味、甜味、澀味，甚至辣味，在攪拌、混合、烘烤到冷卻的條件控制下，究竟會衍生什麼樣的後果？總之，都須在標新立異與合乎常理的情況下不斷進行拉鋸戰。

材料

蛋黃55g 細砂糖40g 鹽1/4t 沙拉油50g
番茄汁80g 番茄糊2T 低筋麵粉100g 泡打粉1t
蛋白130g 細砂糖60g 塔塔粉1/4t

做法

1.蛋黃加細砂糖及鹽用打蛋器先攪拌均勻（圖a），一起加入沙拉油、番茄汁（圖b），接著加入番茄糊繼續拌勻（圖c）。
2.倒入麵粉及泡打粉，用打蛋器以不規則的方向，輕輕拌成均勻的麵糊（圖d）。
3.蛋白用攪拌機打至濕性發泡，分三次加入細砂糖及塔塔粉，快速打發至有小彎勾的九分發狀態（參照P.56 圖c）。
4.先取1/3的打發蛋白加在做法2.的麵糊內用橡皮刮刀拌勻（圖e），再將剩餘的蛋白完全混合，並用橡皮刮刀輕輕從容器底部刮起拌勻。
5.將麵糊倒入8吋的中空圓模型內（圖f），以上、下火各180°C烘烤30分鐘左右。

Tips

★這是屬於戚風蛋糕體，須使用底部可脫模的烤模，且底部與四周都不可抹油。
★番茄汁最好選用低糖且濃度高的。

1

2

番茄糊（Tomato Paste）：是番茄的加工製品，呈濃稠的糊狀物，常用於西餐料理中（圖1）。
番茄汁（Tomato Juice）：是另一種番茄加工製品，可直接飲用，或用於烘焙中（圖2）。

a
b
c
d
e
f

草莓乳酸慕斯

最討人喜歡的酸甜滋味。

份量
1 個

準備事項
1.準備1個14.5×14.5公分的正方形慕斯框。
2.慕斯框用鋁箔紙包起來。
3.吉利丁片用冰開水泡軟並擠乾水分。
4.草莓洗淨後擦乾水分，去掉蒂頭。

材料

A.餅皮：低筋麵粉50g　糖粉10g　杏仁粉10g
無鹽奶油25g　蛋黃5g

B.慕斯餡：水150g　細砂糖50g　可爾必斯85g
吉利丁片3片　動物性鮮奶油180g

C.草莓約40顆

D.裝飾：覆盆子果泥少許　鏡面果膠少許

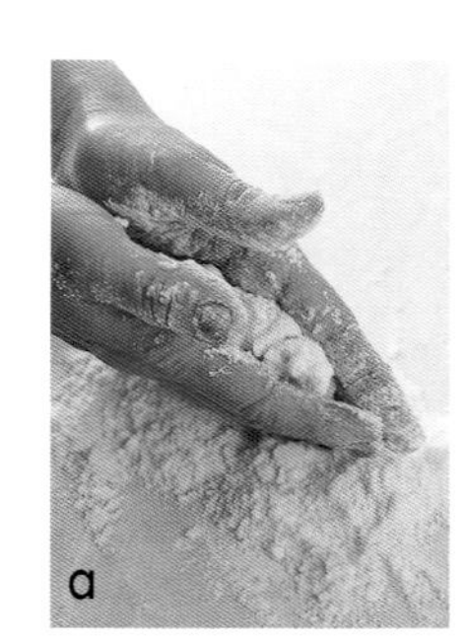
a

做法

1.餅皮：先將麵粉、糖粉及杏仁粉混合均勻，再將奶油放在粉堆中用手搓揉成均勻的細顆粒（圖a）。

2.加入蛋黃後繼續用手拌成均勻的鬆散狀（圖b），直接鋪在的慕斯框內（圖c），用手攤平並稍微壓緊。

b

3.以上、下火各180℃烘烤20分鐘成金黃色後放涼。

4.草莓洗淨，將部分切半貼在做法3.慕斯框內的四邊，並將完整的草莓鋪滿慕斯框的底部。

5.慕斯餡：水加細砂糖用小火煮至糖融化，再加入可爾必斯攪拌均勻即可熄火。

6.趁熱加入吉利丁片，確實攪拌均勻並融化，接著隔冰水降溫至濃稠狀。

c

7.動物性鮮奶油打至七分發（參照P.55圖c）。

8.用橡皮刮刀舀出1/3的量，與做法6.的濃稠物用打蛋器拌勻，再將剩餘的鮮奶油加入，全部拌勻即成慕斯餡。

9.將慕斯餡倒入做法4.的慕斯框內，並將表面抹平，冷藏2小時待凝固。

10.裝飾：將少許覆盆子果泥不規則塗抹在慕斯表面，用抹刀抹上均勻的鏡面果膠，再冷藏20分鐘即可。

Tips

★製作餅皮的麵糰時，只要用手均勻壓平聚合即可，不須刻意壓緊，口感才不至於太硬。

★也可用奇異果代替草莓。

孟老師的O.S.

遵循味覺的平衡感應是創作點心的最高指導原則，有時太單一的口味總覺得少了一種口感上的衝擊性。

製作「草莓乳酸慕斯」，原本是只將餡料直接填入容器中，單純以乳酸為基底的慕斯來品嘗，但總覺得味道太過單薄。後來，在慕斯底部加上一層堅果香的餅皮，結果上、下兩種各有屬性的風味融為一體，在相互襯托與提味下，變得更美味了。

可爾必斯：市售的乳酸飲料，為濃縮製品，加水稀釋後即可直接飲用，用來做成慕斯或果凍，很有風味。

黑棗核桃糕

熟悉親切的絕妙搭檔。

份量 1條

準備事項

1.黑棗洗淨擦乾水分，去籽後切成細末。
2.無鹽奶油隔熱水或以微波加熱方式融化。
3.中筋麵粉與泡打粉及小蘇打粉一起過篩。
4.核桃以上、下火各170°C烘烤15分鐘左右。
5.將長21.5公分、寬9.5公分、高7.5公分的長方形烤模鋪上蛋糕紙。
6.烤箱預熱。

材料

黑棗180g 金砂糖80g 水75g 檸檬汁1t 蘭姆酒2t 全蛋50g 無鹽奶油45g 中筋麵粉85g 泡打粉1/2t 小蘇打粉1/4t 核桃100g

做法

1.切碎的黑棗加金砂糖、水及檸檬汁用小火煮至湯汁收乾（圖a），再加入蘭姆酒拌勻，放涼後備用。
2.將全蛋及融化的奶油分別加入做法1.的材料內，用打蛋器攪拌，接著放入篩過的粉料，改用橡皮刮刀拌勻。
3.最後拌入核桃，混合均勻後倒入烤模內，並將表面抹平。
4.以上、下火各180°C烘烤20分鐘，上、下火再各降10°C繼續烤10分鐘左右。
5.出爐放涼後即可切片。

a

Tips

★烘烤時注意火溫不要太高，口感才會濕潤。
★拌入的熟核桃，保留完整顆粒或切碎均可。
★在室溫下密封保存即可。

孟老師的O.S.

黑棗核桃糕應該算是較傳統的糕點，儘管各式精緻西點充斥，但也難掩蓋它的美味，甚至擁護者亦不在少數。

由於用料豐富，黑棗的特殊香氣與天然甜味，非常明顯地拌合在蛋糕中，再加上核桃濃郁、令人熟悉的咀嚼口感，既紮實又有Q性。烘烤時，可要特別注意火候，以保持蛋糕特有的濕潤度。

黑棗：具滋補、健脾、補血功效，常用來泡水當茶飲或煮湯，在一般中藥店即可購得（圖1）。

1

2

3

香草花茶

黑棗核桃糕內帶有濃郁的核桃香，與香草茶味道非常和諧順口，同時香草花茶天然的香氣也很能突顯黑棗的香甜風味。

Step 1 **備料** 準備各式香草，薄荷葉、薰衣草、迷迭香各5g、甜菊3片，洗淨後擦乾水分（圖2）。

Step 2 **完成** 注入沸騰的滾水約500cc，燜泡約2分鐘即可（圖3）。

■沖泡前，可先將香草用手搓揉，較易釋放香味。
■甜菊具天然的甜味，飲用時可不必再添加其他的甜味劑，甜菊的份量可視個人需要增減。

招待好友，
不用擔心自己的料理手藝，
在家也可以安排一場賓主盡歡吃到飽的下午茶。

Part6 美味延伸的下午茶

設計重點：鹹、甜兼具的點心，讓美味延伸取代正餐時刻。

點心與飲品清單：

1.貝果三明治＋熱水果茶

2.古典巧克力蛋糕＋東方美人茶

3.迷你酥球

4.蛋黃小西餅

5.開心果脆塔

6.榛果可可球

7.培根洋蔥鹹餅乾＋烏龍冰茶

8.波士頓派

9.開胃鹹塔

10.香橙果醬小西餅

貝果三明治

夠勁有味，無可取代。

份量 8個

準備事項

即溶發酵粉加水混合。

材料

A.高筋麵粉300g 細砂糖10g 鹽1/2t
即溶發酵粉5g 水170g

B.夾心：奶油乳酪100g 牛奶1T 生菜葉8張
番茄2個 火腿8片 起士片8片

做法

1.將高筋麵粉、細砂糖、鹽、即溶發酵粉及水混合後，放在乾淨的桌面上，揉成光滑的麵糰（圖a）。

2.將麵糰放在容器內，蓋上保鮮膜先發酵30分鐘左右。

3.麵糰分割成8等份後整形成光滑狀，用拇指與食指在麵糰中心戳洞（圖b），接著用手拉出環狀（圖c），最後再發酵10分鐘。

4.將麵糰正面朝下放入滾水中川燙5秒（圖d），立刻翻面繼續川燙5秒即撈出，直接放在烤盤上（圖e）。

5.放入已預熱的烤箱內，以上火180°C，下火160°C烤20分鐘左右。

6.夾心：奶油乳酪軟化後，用打蛋器攪散，再加入牛奶攪拌成光滑的乳酪糊，直接抹在貝果內部，接著依序放上生菜葉、番茄、火腿及起士片即可。

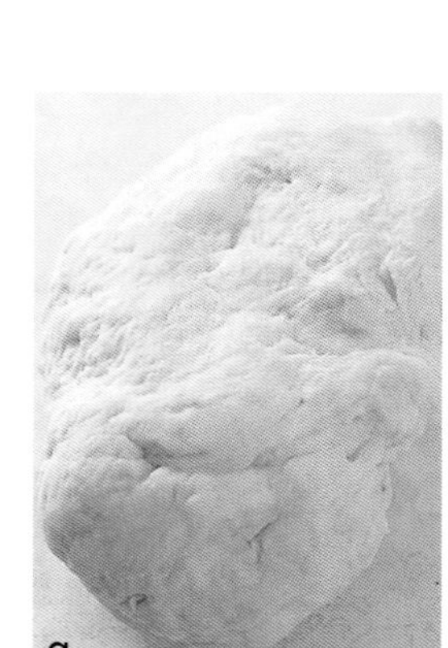
a

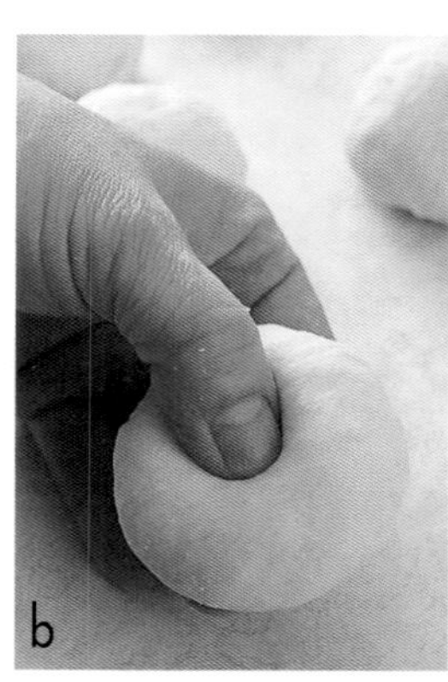
b

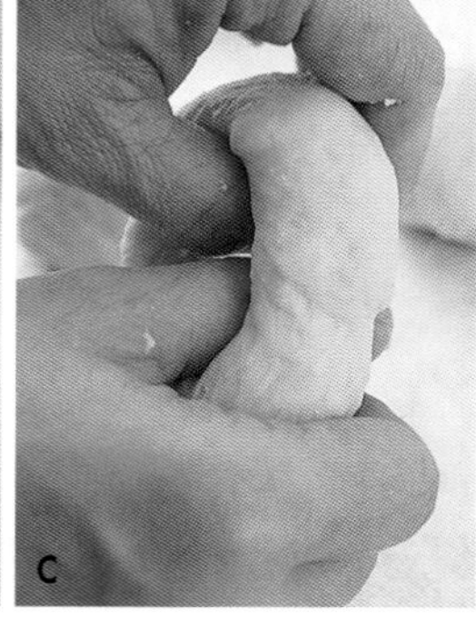
c

d

e

Tips

★麵糰攪打的程度，不需像一般麵包的麵糰要出筋且拉出薄膜。

★若希望組織較鬆軟，可將川燙前的發酵時間延長。

★川燙完後不用再發酵，需立刻烘烤。

★貝果夾心前，最好橫切為二，先用低溫烘烤10分鐘成酥脆的金黃色，口感較好。

★夾心的食材可隨個人喜好做變化。

孟老師的O.S.

大約七年前，在美國我生平第一次吃到貝果，它就像速食店的漢堡，到處都有連鎖店，買一份貝果，就可以讓你打發一餐。品嘗貝果之前，必須橫切後再將內部烤成一點金黃色，接著抹上軟質的奶油乳酪，最後再夾上肉類及各式生菜，大口一咬，嚼勁十足，非常有飽足感。

製作貝果不像一般麵包那麼講究，但特別之處是先將生麵糰川燙，以使得麵糰瞬間糊化，烤後的成品才會呈現光澤。

道地的貝果完全不含任何油脂，也不加蛋，成品放涼後會變得更乾硬。因此，有人說，吃貝果牙口要好。這樣單純又健康的食材，深受生活守戒律的猶太人青睞，因此，有人叫貝果為猶太麵包。

即溶發酵粉（Instant Dry Yeast）：又稱快速酵母粉，用於麵包、包子等各式麵食類中，可直接與其他材料混合攪拌使用，必須冷藏保存。

熱水果茶

咀嚼餡料豐富的貝果，搭配飲用清香爽口的水果茶，更能增加食慾與品嘗後的順暢感。

1

2

Step 1 **放水果** 在500cc的玻璃壺內，先放入約250cc的紅茶，再放入奇異果丁1個、蘋果丁1/4 個及香吉士3瓣（圖1）。

Step 2 **倒入葡萄柚汁** 倒入葡萄柚原汁約200cc，並放在保溫座上繼續加熱一會兒，即可飲用（圖2）。

▒調配熱水果茶的濃淡，可依個人喜好做調整。

▒嗜甜的人可放果糖或蜂蜜增加甜味。

古典巧克力蛋糕

《濃情巧克力》的美味重現。

份量 1個

準備事項

1.準備1個6吋圓形活動烤模，底部墊一張蛋糕紙。
2.無鹽奶油隔熱水加熱融化。
3.高筋麵粉與小蘇打粉混合均勻。
4.烤箱預熱。

材料

A.蛋黃40g 細砂糖30g 苦甜巧克力80g
無鹽奶油70g 無糖可可粉20g 牛奶2t 蛋白60g 細砂糖55g
高筋麵粉40g 小蘇打粉1/8t

B.裝飾：糖粉適量

做法

1.蛋黃加細砂糖30g攪拌均勻備用。
2.苦甜巧克力切碎後隔熱水加熱並使用橡皮刮刀攪拌融化，趁熱分別加入融化的無鹽奶油、無糖可可粉及牛奶，用打蛋器攪拌均勻成巧克力糊。
3.將做法1.的蛋黃液用橡皮刮刀刮入做法2.的巧克力糊中，再用打蛋器拌勻。
4.蛋白用攪拌機打至起泡，分三次加入細砂糖55g同時快速打至七分發即可（參照P.56圖f）。
5.先取出1/3的打發蛋白與做法3.的巧克力蛋黃糊拌和，再加入粉料用打蛋器攪拌均勻，最後將剩餘蛋白全部加入，改用橡皮刮刀輕輕攪拌成麵糊。
6.將麵糊倒入圓模內抹平表面後，再將烤模在桌面多敲幾下以震出大氣泡。
7.烤盤上放入半杯水，再以上、下火各170℃的火溫隔水蒸烤約50分鐘左右。
8.待蛋糕體完全涼透，在表面篩些糖粉裝飾即可。

Tips

★使用含可可脂的進口巧克力來製作，口感較濃郁香醇。
★蛋白七分發是打發後尚有流動的感覺。
★隔水蒸烤可使蛋糕濕潤度增加，如烘烤過程水分被烤乾，則不用再添加水。
★出爐前用小刀確認麵糊沾黏，如出現的沾黏狀像非常小的細沙即可出爐（意指不需完全烤熟）。

孟老師的O.S.

不是每種蛋糕口感都是綿細的，也不是每種蛋糕組織都是鬆軟的。因此品嘗屬性不同的蛋糕，就該有不同的品嘗心境。有了這一層的認識，品嘗美味糕點之餘，才會出現唇齒交融的幸福。

像這道古典巧克力蛋糕就是非常紮實的歐式蛋糕，一定要試著感受一下它真正的品味精髓。看似與戚風蛋糕的製作方式雷同，都須將蛋白打發，一旦你開始親手製作，即能體會各式蛋糕的奧妙之處。當黑、白兩色食材混合的剎那，撞擊出的就是濃情巧克力與純情蛋白霜的美味交融。

東方美人茶

濃郁的古典巧克力蛋糕，配上清爽口感的東方美人茶，有酸鹼中和的協調口感。

1　2

3

Step 1 **放茶葉** 先將玻璃壺用滾水溫過，再放入東方美人茶葉3匙（圖1）。

Step 2 **濾茶湯** 注入沸騰的滾水約250cc，燜泡約1分鐘後，即可將茶湯濾出（圖2）。

Step 3 **調味** 可添加少許白蘭地桔子酒調味（圖3）。

■東方美人茶也稱為「膨風茶」，葉身呈白、綠、紅、黃、褐五色相間，風味獨特。

■茶湯濃淡可依個人喜好做調整。

迷你酥球

泡芙的另類表現。

份量 50個

孟老師的O.S.

這是一道很有樂趣的小點心，看起來似曾相似？沒錯，這就是泡芙的縮小版，而且一定要縮得很迷你，才會將原本空心的泡芙殼烤成實心、不必填餡的小酥球，還要在表面蓋上薄薄的酥皮，才會從裡酥到外。

既然強調酥，可見酥球的油份要比傳統的泡芙多些，如此一來，才會突顯口感的特色，烤好的成品放涼後會顯得更酥，一口一球，快樂無窮。有時可以不按章法，不理傳統，跳脫理論，稍微玩弄一下創意，這就是玩烘焙的樂趣，不妨試著多玩出幾個五顏六色的迷你酥球吧！

準備事項

1.酥球的全蛋攪散成蛋液。
2.酥皮的無鹽奶油放在室溫下軟化。
3.烤箱預熱。

材料

A.酥球：水40g 無鹽奶油40g 低筋麵粉80g 全蛋100g 無糖可可粉1t
B.酥皮：細砂糖40g 無鹽奶油30g 低筋麵粉30g 奶粉10g 無糖可可粉1t

做法

1.酥球：水和奶油一起放入鍋內，用小火將水煮至沸騰，且奶油呈現融化狀態。
2.熄火後，立刻將低筋麵粉倒入鍋內，用木匙快速攪拌均勻成麵糊（圖a）。
3.待稍降溫後，分三次加入蛋液，同時要完全被麵糊吸收（圖b）。
4.將做法3.的麵糊分成兩等份，其中一份加入無糖可可粉攪拌均勻，即成可可酥球麵糊，另一份則是原味酥球麵糊（圖c）。
5.酥皮：無鹽奶油加入細砂糖攪拌均勻，同時加入麵粉及奶粉，用橡皮刮刀拌成麵糰狀。
6.將做法5.的麵糰分成兩等份，其中一份加入無糖可可粉攪拌均勻，即成可可酥皮麵糰，另一份則是原味酥皮麵糰。
7.將做法4.的兩種酥球麵糊分別裝入擠花袋中，直接在烤盤上擠出約1.5公分直徑的圓球狀。
8.取做法6.的兩種酥皮麵糰做成約0.2公分厚的圓片狀（直徑比酥球大），分別蓋在酥球上（圖d）。
9.以上、下火各190℃的火溫烘烤25分鐘左右，熄火後繼續用餘溫燜10分鐘。

Tips

★酥球的尺寸越小，越容易烤得酥脆。
★酥皮蓋在酥球的面積越大，口感越酥脆。

a

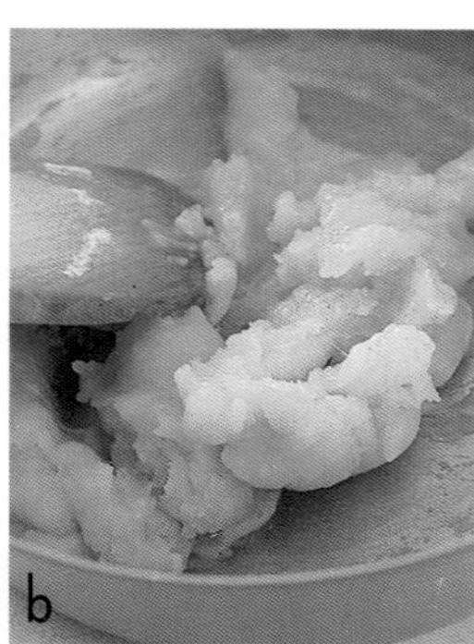
b

c

d

蛋黃小西餅

輕飄飄的絕妙口感，瞬間在口腔中散開。

份量 約50份

準備事項
1.低筋麵粉加小蘇打粉一起過篩。
2.烤盤底部抹油。
3.烤箱預熱。

材料

A.全蛋40g 蛋黃40g 細砂糖75g 鹽1/8t
香草精1/4t 低筋麵粉85g 小蘇打粉1/8t

B.夾心：果醬適量

做法

1.全蛋加蛋黃、細砂糖及鹽用攪拌機攪打至乳白色且呈濃稠狀（圖a），接著加入香草精。
2.加入麵粉及小蘇打粉用打蛋器輕輕從底部刮起拌勻成麵糊狀（圖b）。
3.將麵糊裝入擠花袋內，以垂直的方式擠出約1.5公分的直徑（圖c），再以上、下火各190°C的火溫烘烤20分鐘左右成金黃色。
4.出爐後立刻剷起，否則容易沾黏。
5.放涼後即可夾心，將適量的果醬抹在餅乾上，兩片黏合即可。

Tips

★直徑1.5公分的麵糊經過烘烤後，成品可膨脹成直徑3公分。
★如餅乾沾黏於烤盤，可再回烤加熱後立即取出。
★這種餅乾容易受潮，放涼後需要立刻密封保存。

孟老師的O.S.

顧名思義，這應該是一個蛋味十足的餅乾，看它的用料，幾乎可以與海綿蛋糕相提並論，在餅乾世界中是比較少見的。製作時要注意，須將蛋液完全打發，蓬鬆的麵糊經過烘烤後，水分完全烤乾，即可品嘗這入口即化的滋味。

除了當做單純的餅乾品嘗外，還可將這種餅乾直接當做慕斯的蛋糕底，附有孔洞的組織更能吸收慕斯餡料，單一的餅乾香也不會混淆慕斯的主味。此外，也可以將餅乾捏碎，與奶油拌合後再當慕斯底。雖然，是個不起眼的小角色，發揮的用途也挺多的呢！

a

b

c

開心果脆塔

卡士達醬延伸的驚喜美味。

份量 約20個

準備事項

1.無鹽奶油放在室溫下軟化。
2.開心果粒切成細末。

材料

A.脆塔皮：糖粉40g 蛋白45g 無鹽奶油20g
低筋麵粉25g 杏仁粒20g

B.內餡：蛋黃20g 玉米粉10g 牛奶100g 細砂糖20g
無鹽奶油50g 開心果醬50g 蘭姆酒1t

C.裝飾：開心果粒少許 覆盆子20顆

做法

1.內餡：蛋黃加玉米粉用打蛋器拌勻成蛋黃糊。牛奶加細砂糖用小火煮至糖融化（圖a），再沖入蛋黃糊中，同時要邊倒邊攪。
2.再放回爐火上，繼續用打蛋器邊煮邊攪至濃稠狀後（圖b），分別加入無鹽奶油、開心果醬及蘭姆酒攪至完全均勻（圖c），放涼後蓋上保鮮膜冷藏1小時以上（圖d）。
3.脆塔皮：糖粉加蛋白用橡皮刮刀混合均勻，再加入無鹽奶油繼續拌勻，最後放入麵粉及杏仁粒拌合成麵糊狀。
4.用小湯匙取適量的脆塔皮麵糊，放在烤盤上推平成直徑約5公分的圓片狀（圖e）。
5.以上火170℃、下火160℃的火溫烘烤10分鐘左右成金黃色即可，出爐後趁熱立刻放在小容器中塑成小塔殼（圖f）。
6.將內餡裝入擠花袋內，擠出適量在小塔殼內，表面撒些開心果細末，再放上一顆覆盆子裝飾。

Tips

★內餡的製作如同卡士達醬，蓋上保鮮膜必須完全貼住醬料。
★內餡的玉米粉可用少許牛奶先調勻再與蛋黃混合。
★脆塔皮的製作如同杏仁瓦片，麵糊攤得越薄越好。
★脆塔皮出爐時，不要將整個烤盤完全拉出來以保持溫度，如在塑形時已冷卻，可再加熱回軟。
★成品需要冷藏保存。

孟老師的O.S.

做點心，其實就是一場排列組合的遊戲。杏仁瓦片烤好後趁熱塑成一個容器，再填上餡料就成了一個小塔。

除了饒富製作上的樂趣外，還可隨心所欲在材料上變花樣。根據內餡的口感特色，即可在塔皮中添加搭配性的食材。像這道開心果脆塔中的內餡，是稠密濃醇的開心果醬所做的卡士達Cream，如再佐以底部酥脆的堅果香，互相交錯的美味更讓人齒頰留香。

這道點心也可以再奢侈、再豪華些，如在內餡底部放上兩顆酒漬櫻桃，牽引出的多層次口感會更教人驚艷！這種美味也曾在《食全食美》節目中出現過，微醺的美味被主持人焦志方先生形容為：好成人的滋味！

開心果醬：開心果粒的加工製品，呈濃稠狀，常用來製作慕斯、醬汁的調味，以及做為裝飾用。

a
b
c
d
e
f

榛果可可球

雙倍香濃交織在酥鬆的口感中。

份量
30個

準備事項

1.無鹽奶油放在室溫下回軟。
2.低筋麵粉及可可粉一起過篩。

材料

A.無鹽奶油90g 糖粉40g 低筋麵粉110g
無糖可可粉2T 榛果粉50g

B.裝飾：糖粉適量

做法

1.無鹽奶油加糖粉用橡皮刮刀拌勻，接著放入篩過的麵粉及無糖可可粉稍微拌合。
2.最後加入榛果粉用手抓揉混合成麵糰狀。
3.將麵糰包在保鮮膜內，冷藏鬆弛30分鐘後，取出分割成每塊約8g的小塊，再揉成圓球狀。
4.以上火180℃、下火160℃的火溫烘烤20分鐘左右，熄火後再繼續燜10分鐘。
5.出爐放涼後，再均勻篩些糖粉即可。

Tips

★分割的麵糰不要太大，才容易烤透。
★如無法取得榛果粉，可用杏仁粉代替。

孟老師的O.S.

理論上，越了解食材特性，就越能掌握美味，這個道理應用在點心上也是再恰當不過了。做餅乾，可不一定非要放泡打粉才會酥、鬆、脆，「榛果可可球」就有這樣的效果，其中的榛果粉在麵糰中發揮了讓組織產生空隙的功能，所以烘烤後的成品不至於太過緊密，吃在嘴裡也就有了酥酥的好口感。

既然有了解這樣的概念，同理可證，類似的情形也可比照辦理。不是自誇，但有時不得不承認，玩烘焙的人，實在稱得上是優雅的化學實驗家。

榛果粉（Hazelnut）：是由榛果加工而成的粉末狀，常用於西式蛋糕及慕斯的餡料，味道濃郁。

培根洋蔥鹹餅乾

開胃爽口，滿足味覺的平衡感。

份量 約15片

準備事項

1.高筋麵粉、低筋麵粉及泡打粉混合過篩。
2.無鹽奶油放在室溫下軟化。
3.洋蔥及培根分別切成細末。
4.準備1個最長處6.5公分、最寬處4公分、高4公分的橢圓框。

材料

高筋麵粉50g 低筋麵粉100g 泡打粉1/4t
無鹽奶油50g 白油20g 鹽1/4t 細砂糖10g
蛋白25g 洋蔥15g 培根1片 黑胡椒1/8t

做法

1.培根放入鍋內用小火炒香，再加入洋蔥末一起拌炒，熄火後加入黑胡椒調味，放涼備用。
2.無鹽奶油、白油、鹽及細砂糖用打蛋器攪拌均勻，再加入蛋白繼續拌勻。
3.加入過篩後的粉料，用橡皮刮刀輕輕拌合，再將做法1.的材料拌入，用手抓揉混合成麵糰。
4.將麵糰放在桌面擀平成0.4公分厚的薄片，再用橢圓框切割。
5.以上火180°C、下火160°C烘烤20分鐘左右，熄火後繼續燜10分鐘即可。

Tips

★盡量將培根多餘的油脂切除。
★炒培根時，鍋內不必放油。

孟老師的O.S.

還沒有吃這道餅乾，單從材料上判斷，你應該大概就知道它是什麼樣的口味。有時候做點心，會想加些額外的食材，並設定自己希望的味道，這時就需在製作時將食材稍加處理，否則很可能做出來的成品不具任何意義。舉例來說，紅茶的茶葉直接添加在餅乾麵糰中，就不如先將茶葉浸濕後所做出的成品有味道，「培根洋蔥鹹餅乾」中的培根、洋蔥如沒有經過事先炒香、炒乾，品嘗起來的風味就會略遜一籌，這就是烹飪常常強調的「入味」囉！

烏龍冰茶

口味濃厚的餅乾，藉由清爽宜人的烏龍冰茶調和口感。

Step 1 **放茶葉** 將茶葉15g放入玻璃壺內。
Step 2 **沖泡** 直接注入冷開水約900cc。
Step 3 **冰鎮等待** 放入冰箱冰鎮，約8小時後茶湯入味即可。
■茶葉的品種可任選。

波士頓派

深藏記憶中的熟悉美味。

份量 1個

準備事項

1.香草精、沙拉油及牛奶先放入同一容器中。
2.低筋麵粉、玉米粉及泡打粉一起過篩
3.細砂糖80g與塔塔粉放入同一容器中。
4.準備1個8吋的派盤，並在底部墊一張蛋糕紙。
5.烤箱預熱。
6.奇異果切成片狀。

材料

A.蛋糕體：蛋黃65g 細砂糖30g 香草精1/2t 沙拉油35g 牛奶35g 低筋麵粉90g 玉米粉15g 泡打粉1/2t 蛋白100g 細砂糖80g 塔塔粉1/4t
B.夾心餡：植物性鮮奶油150g 奇異果2個
C.裝飾：糖粉適量

做法

1.蛋黃加細砂糖30g用打蛋器拌勻，再加入香草精、沙拉油及牛奶的混合液體。
2.倒入混合篩過的粉料，用打蛋器以不規則方式攪拌均勻成無顆粒的蛋黃麵糊。
3.蛋白用攪拌機打至起泡，分三次加入細砂糖80g與塔塔粉，同時快速打至九分發即可（參照P.56圖c）。
4.先取1/3的打發蛋白與做法2.的蛋黃麵糊拌和，再將剩餘蛋白完全混合，並用橡皮刮刀輕輕從容器底部刮起拌勻。
5.將做法4.的麵糊倒入派盤上，以上、下火各180°C烤25分鐘左右，放涼後橫切2片備用。
6.植物性鮮奶油用攪拌機打發，抹在蛋糕片上約1公分的厚度，再放上奇異果片，接著再抹一層鮮奶油如山丘狀，最後蓋上另一片蛋糕片。
7.在表面均勻撒上糖粉，冷藏後即可食用。

Tips

★蛋糕脫模前，須先用小刀將烤模四周劃開。
★完成後的波士頓派經過冷藏再切割較理想。
★夾心餡的植物性鮮奶油可用動物性鮮奶油代替。

孟老師的O.S.

波士頓派和美國的波士頓有關聯嗎？我想，應該有吧！其實這一點也不重要，重要的是很多蛋糕族對波士頓派情有獨鍾，這道點心在台灣非常普遍，熟悉的外貌、樸實的口感，品嘗波士頓派就是品嘗親切的美味，所以，至今它仍不致被一堆花俏炫麗的糕點所淹沒。

想要自製一個好吃的波士頓派一點也不難，重點只在必須努力完成一個蛋糕體而已。至於該做分蛋式的戚風蛋糕還是全蛋式的海綿蛋糕，那就悉聽尊便了。接下來就是在兩片蛋糕之間夾上打發的鮮奶油，並在山丘狀的表面撒上糖粉，即大功告成了。

開胃鹹塔

香、濃、醇的滿足令人難以抗拒。

份量 8個

準備事項
1.無鹽奶油、奶油乳酪放在室溫下軟化。
2.培根切成細末。
3.塔模內抹油。
4.烤箱預熱。

材料

A.鹹塔皮：無鹽奶油60g 鹽1/4t 蛋黃1個 低筋麵粉100g

B.內餡：奶油乳酪30g 牛奶50g 動物性鮮奶油50g
全蛋1個 鹽適量 黑胡椒適量 培根2片
冷凍綜合蔬果80g 披薩起士適量

做法

1.鹹塔皮：無鹽奶油加鹽及蛋黃用橡皮刮刀拌勻，再直接篩入麵粉輕輕拌合成麵糰，並將麵糰冷藏鬆弛30分鐘。

2.將麵糰分割成八等份，再分別鋪在塔模內，用拇指的指腹將麵糰平均延展推平，再將多餘的麵糰用刮板切掉。（參照P.38圖a與b做法）

3.內餡：培根末放入乾鍋內用小火炒香，再放入冷凍綜合蔬果拌炒均勻。

4.奶油乳酪先用打蛋器以隔熱水加熱方式攪散，再加入牛奶及鮮奶油拌勻，接著分別加入全蛋、鹽及黑胡椒拌成牛奶醬汁。

5.將牛奶醬汁倒入做法2.的鹹塔皮內約1/2的量（圖a），再加入做法3.的內餡，接著再將牛奶醬汁倒入約達9分滿（圖b）。

6.在表面撒上適量的披薩起士（圖c），以上火180°C、下火190°C烘烤20分鐘左右，表面呈金黃色即可。

Tips

★內餡的材料可隨個人喜好做變換。

★出爐後，稍降溫才易脫模。

孟老師的O.S.

在不失原來風味的情況下，將點心縮小或放大都是不受限制的，這道鹹塔其實就是將鹹派（Quich）做成小Size，讓取用時更加方便。值得推薦的是，其熟悉的滋味熱騰騰品嘗起來，讓人心中產生一股說不出的暖流，尤其在餐會中與各式甜點搭配食用，更能增加口感鹹、甜的平衡感。

好吃的鹹塔，主要就是用乳酪、牛奶及蛋液所調製而成的Filling，再加入自己喜歡的餡料，如各式火腿、川燙過的海鮮、新鮮蔬果都很適宜。剛出爐的鹹塔，最能品嘗到酥鬆的餅皮香與奶味十足的餡料，其豐富的滋味絕對能媲美義式的Pizza。

a

b

c

香橙果醬小西餅

任何場合都搶眼的精美小西點。

份量
50個

準備事項

1.無鹽奶油放在室溫下軟化。
2.杏仁粉及糖粉一起過篩。
3.烤箱預熱。

材料

A.無鹽奶油80g 杏仁粉50g 糖粉50g 鹽1/4t
蛋白25g 香吉士皮屑1個 低筋麵粉100g
B.內餡：果醬適量

做法

1.無鹽奶油加篩過的杏仁粉、糖粉及鹽用攪拌機攪打均勻，再加入蛋白及香吉士皮屑繼續拌勻。
2.直接篩入麵粉用橡皮刮刀輕輕拌合成麵糊，接著裝入擠花袋內擠成直徑3公分的圓圈。
3.以上火180°C、下火160°C烤15分鐘，取出在中心放上適量的果醬，接著再續烤10分鐘左右成金黃色即可。

Tips

★材料中的杏仁粉與糖粉份量為1:1，即是法文的材料名稱T.P.T.（TANT POUR TANT）。
★香吉士皮屑可用擦薑板磨出。
★將麵糰先烤定型後，再放入果醬，才不會烘烤太久而變乾。

孟老師的O.S.

看到這種小西餅是很有親切感的，想起小時候開始吃西點的記憶，「餅乾」應該算是最初的體驗，雖然和現在比起來，顯得口感粗糙、包裝簡陋，但當時仍覺得它美味無比。後來，機器開始生產各式精美小西餅，到現在又回到強調自然的手工餅乾，看得人眼花撩亂，口味多、花樣俏，光是吃餅乾、做餅乾，就足以讓酷愛餅乾的烘焙族玩不停了。

想要快速享受朋友對你崇拜的眼神，就從這個簡單容易的小西餅開始著手吧！

精緻的餐盤佐以令人讚嘆的甜點，
營造生活品味，
就從優雅的下午茶開始。

Part7 貴族品味的下午茶

設計重點：多層次的口感交織在精心佈置的優雅氣氛中，可媲美五星級飯店。

點心與飲品清單：

1.司康餅＋香橙蘋果茶
2.薄荷奶茶小塔
3.藍莓大理石慕斯
4.馬德雷妮
5.法式杏仁蛋糕＋熱桔茶
6.巧克力杏仁餅乾
7.可可杏仁豆＋薰衣草蜂蜜花茶
8.焦糖巴巴露
9.夢幻鮮果慕斯
10.蛋白小西餅

司康餅

無法缺席的下午茶代表作。

份量
8個

準備事項

1.無鹽奶油秤好後，先放入冰箱冷藏，保持固態。
2.全蛋加牛奶混合在同一容器中。
3.準備1個直徑5公分的圓刻模。

材料

低筋麵粉150g 泡打粉1t 細砂糖20g 鹽1/2t 無鹽奶油40g 全蛋1個 牛奶20g

做法

1.麵粉、泡打粉、細砂糖及鹽混合放在工作台上用刮板拌合均勻（圖a）。
2.無鹽奶油放在做法1.的粉堆中用刮板切成顆粒狀（圖b）。
3.接著圍成一個粉牆，將全蛋及牛奶的混合液體直接倒入其中（圖c），再用叉子慢慢將內側的麵粉往內撥蓋住液體（圖d）。
4.用手與刮板拌合乾濕的材料（圖e），將鬆散材料以切拌摺疊方式聚合成糰（圖f）。
5.將做法4.的麵糰包在保鮮膜內，冷藏鬆弛30分鐘以上（圖g）。
6.將麵糰擀成厚約1.5公分的片狀，再用圓模刻出圓餅狀（圖h），放在室溫下鬆弛10分鐘。
7.在表面刷上蛋液，放入事先預熱好的烤箱中，以上火180°C、下火160°C烘烤約25分鐘左右。

Tips

★司康餅要有厚度口感才好。
★將司康餅橫切為二，再抹奶油或果醬。
★加熱時，可用低溫150°C烘烤10分鐘左右。

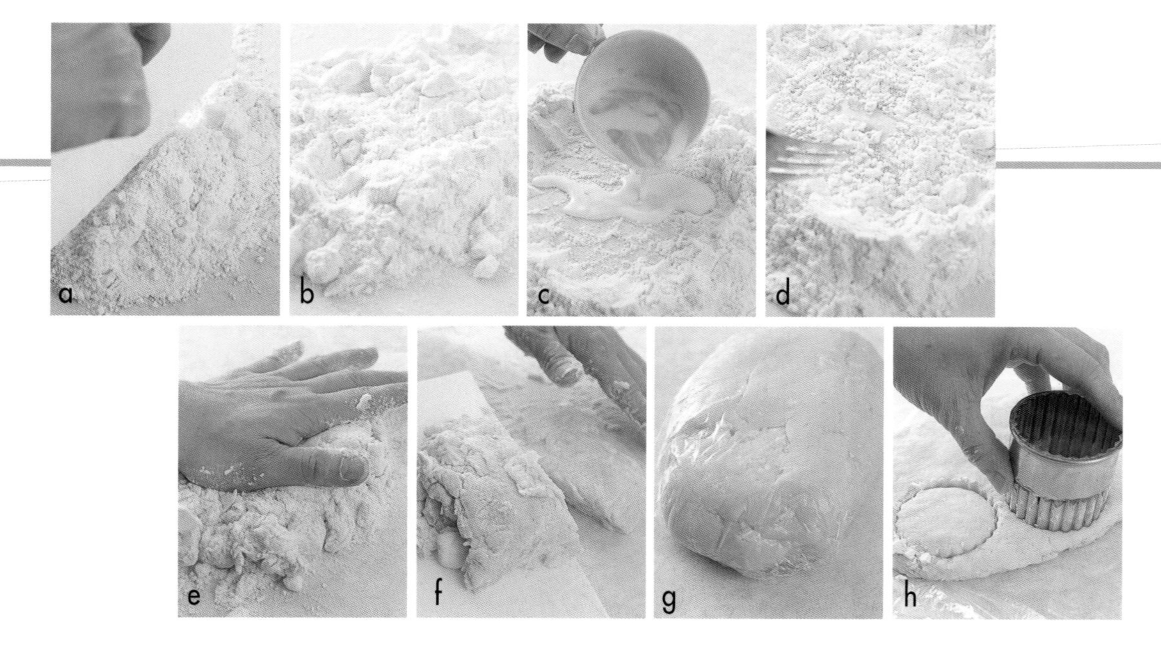

孟老師的O.S.

很多人看到司康餅（Scone），會聯想到姊妹品比司吉（Biscuit）。這兩種外型類似的點心，既沒有麵包的咬勁，也沒有蛋糕的鬆軟，更沒有餅乾的酥脆，不過，製作起來都是簡單又方便，因此，歸類為快速麵包（Quick Bread）。兩者因製作上的些許不同而造成口感、觸感的差異，司康餅的奶油粒與麵粉經切壓拌合，會使組織稍具層次感，口感也較紮實。

單吃司康餅，相信沒幾個人提得起興趣，不過一旦抹上了速配的果醬或奶油，美味立刻升級。尤其放在下午茶的點心盤上，很能營造視覺與味覺的滿足感受，稱它為下午茶的代表點心，一點兒也不為過。

香橙蘋果茶

咀嚼司康餅時所散發的天然麥香，搭配香橙蘋果冰茶釋放的水果清香，整體的口感很和諧。

1

2

3

Step 1 **放紅茶** 約800cc的玻璃壺內先放入適量冰塊，再注入約200cc的紅茶（圖1）。

Step 2 **磨果泥** 加入蘋果丁及柳橙果肉各約1/2個，再將1/2塊的蘋果果泥，磨入玻璃壺內（圖2）。

Step 3 **入果汁** 注入約600cc的柳橙原汁即成（圖3）。

■為突顯香橙風味，紅茶的份量與濃度可降低。

■蘋果果泥的份量可再增加，味道會更濃郁。

薄荷奶茶小塔

茶香、奶味交融的精緻品味。

份量 10個

準備事項

1.準備數個長9公分、寬4公分、高1.5公分的船形小塔。
2.塔模內鋪上鋁箔紙，並刷上均勻的奶油以利脫模。
3.無鹽奶油放在室溫下軟化。
4.吉利丁片用冰開水泡軟並擠乾水分。
5.烤箱預熱。

材料

A.脆塔皮：糖粉30g 無鹽奶油10g 蛋白30g 低筋麵粉45g 杏仁粒50g
B.內餡：蛋黃15g 牛奶50g 動物性鮮奶油25g 細砂糖15g 伯爵茶葉5g 薄荷葉10片 吉利丁片1片 動物性鮮奶油（打發用）65g
C.裝飾：核桃20g 無糖可可粉少許

做法

1.脆塔皮：糖粉加無鹽奶油用打蛋器拌勻，加入蛋白繼續拌勻，最後分別加入麵粉、杏仁粒用橡皮刮刀拌成麵糰。
2.將麵糰平分成10等份，直接鋪在塔模內並壓緊（圖a），以上、下火各180°C烤約15分鐘成金黃色備用。
3.內餡：蛋黃用打蛋器攪散成蛋黃液。牛奶加動物性鮮奶油、細砂糖、伯爵茶葉及薄荷葉一起放入鍋內，用小火煮至糖融化且呈褐色的奶茶（圖b），再沖入蛋黃液中（圖c），同時要邊倒邊攪。
4.再放回爐火上，用小火煮至成濃稠狀的「安格列斯餡」（圖d），趁熱加入吉利丁片，用打蛋器拌勻後再過篩。
5.將做法4.的材料隔冰水降溫至濃稠狀。
6.動物性鮮奶油打至七分發（參照P.55圖C），先取1/3的量與做法5.的材料用打蛋器拌勻，再將剩餘的鮮奶油全部加入拌勻，即成奶茶慕斯。
7.將奶茶慕斯裝入擠花袋中，直接擠在烤好的脆塔皮上，撒上少許可可粉，並放上碎核桃，冷藏後即可食用。

Tips

★做法4.再放回爐火上煮至濃稠狀的「安格列斯餡」（Angelise Cream）即蛋黃及牛奶做成的濃稠醬汁，常用來做為慕斯或冰淇淋的基底材料。
★將奶茶慕斯降溫至凝固狀，塔皮內才可填入較多的餡料。
★加入吉利丁片後靜置10分鐘再過篩，味道會更濃郁。

孟老師的O.S.

以中國菜講究「入味」的理論應用在法式西點上也非常恰當。當然，好吃的紅酒洋梨派中的洋梨，非得先用紅酒蜜得紅通通不可；而烤布丁若是事先沒有香草豆莢的帶動，滋味也就被打了折扣。

製作「薄荷奶茶小塔」時，切記要表現紅茶入味的功夫。當清香的伯爵茶完全融入香醇的牛奶糊中時，一切的香滑、厚實口感才能表露無疑，其中點到為止的薄荷香則只要稍加襯托即可。

b
c
d

藍莓大理石慕斯

讓心情愉悅的淡雅香甜滋味。

份量 1個

準備事項
1.準備1個6吋圓形慕斯框。
2.奶油乳酪放在室溫下回軟。
3.吉利丁片用冰開水泡軟並擠乾水分備用。
4.烤箱預熱。

材料

A.蛋糕體：蛋白45g　細砂糖15g　杏仁粉35g　糖粉30g

B.慕斯：奶油乳酪（Cream Cheese）100g　牛奶100g　細砂糖65g　香草豆莢1/2根　吉利丁片3片　動物性鮮奶油200g　藍莓果泥15g

C.裝飾：植物性奶油150g　覆盆子12顆　薄荷葉適量

a

b

c

做法

1.蛋糕體：蛋白加細砂糖用攪拌機打發後，同時篩入杏仁粉與糖粉，用橡皮刮刀拌成麵糊狀。

2.麵糊裝入擠花袋中直接在烤盤上擠成螺旋狀的蛋糕體（圖a），以上火180°C、下火160°C烘烤12分鐘左右成金黃色，用慕斯框切割蛋糕體備用（圖b）。

3.慕斯：奶油乳酪用打蛋器以隔熱水加熱的方式攪散，加入牛奶、細砂糖及香草豆莢攪拌至完全均勻。

4.趁熱加入吉利丁片，確實攪拌均勻並融化，接著隔冰水降溫至濃稠狀。

5.動物性鮮奶油打至七分發，先取1/3的量與做法4.的材料用打蛋器拌勻，再將剩餘的鮮奶油全部加入拌合，即成乳酪慕斯。

6.取100g乳酪慕斯與藍莓果泥混勻（圖c），再與其他的乳酪慕斯輕輕拌合呈大理石紋路，然後倒入慕斯框內的蛋糕體上，並將表面抹平。

7.冷藏約2小時凝固後，將打發的植物性鮮奶油抹在慕斯上，在表面劃出紋路，並放上覆盆子及薄荷葉裝飾。

Tips

★如無法購得藍莓果泥，可用其他口味果泥代替。

★慕斯冷藏凝固後，也可直接在表面抹上鏡面果膠裝飾，不必抹鮮奶油。

孟老師的O.S.

在台灣，所謂烘焙坊或咖啡連鎖店的西點櫥窗中，一定會出現種類多又花俏的慕斯系列蛋糕。慕斯，這種以調和食材方式所製作的產品，最能直接表現味道的獨特性，大部分都以水果入味，或再搭配其他輔佐性的食材。

相較之下，做慕斯少了烘烤的麻煩，尤其最方便的是可以即時掌控你要的味道，拌合食材的同時，即可立即確認味道濃、淡或口感稠、稀的程度；當然最令人賞心悅目的還是在於可將慕斯不按牌理出牌地裝飾一番。

馬德雷妮

法式風情的香濃奶油小蛋糕。

份量
15個

準備事項

1.準備數個最長處8公分、最寬處5 公分、深1公分的貝殼模型，並在烤模內抹油。
2.烤箱預熱。

材料

無鹽奶油100g 細砂糖 75g 鹽1/4t 全蛋100g
香草精1/2t 低筋麵粉100g 泡打粉（B.P.）1/2t
香吉士皮1個 白蘭地桔子酒1t

做法

1.無鹽奶油加細砂糖及鹽，以隔熱水方式用打蛋器攪拌均勻，待降溫後加入全蛋、香草精繼續攪拌均勻。
2.加入白蘭地桔子酒並刨些香吉士皮屑拌勻。
3.一起篩入麵粉及泡打粉，用橡皮刮刀輕輕拌成麵糊狀。
4.將麵糊倒入貝殼烤模內，以上、下火各180℃烤20分鐘左右成金黃色即可。

Tips

★降溫後較容易脫模。
★白蘭地桔子酒也可用蘭姆酒代替。

孟老師的O.S.

相信很多會做點心的人，過去都曾有過一種共同的經驗，就是曾經吃過、看過的甜點，卻叫不出名稱，吃到奶油口味的就說奶油蛋糕，看到黑色巧克力外貌的就說巧克力蛋糕。

其實很多點心都有個好聽的名字，甚至一段溫馨感人的小故事。就像馬德雷妮女士（Madeleine）發明的蛋糕，她曾為國王史塔尼斯拉（Stanislas）解決了糕餅主廚臨時在宴會中離職的窘境，國王為了感謝這位馬德雷妮，因此就以她的名字來為糕點命名。

這道奶油小蛋糕的誘人之處是可以品嘗到柳橙果香與酒香，其特殊的風味在特有的貝殼造型上更顯突出，一旦製作時的材料或模型沒有忠於原味，成品也就稱不上是馬德雷妮了。

法式杏仁蛋糕

迴盪舌尖、意境無窮的歐風情懷。

準備事項

1.準備20×20公分的方形烤模，並在烤模內鋪一張鋁箔紙，再抹上奶油防沾黏。
2.蘇打餅乾裝入塑膠袋中，用擀麵棍壓成餅乾屑。
3.蛋糕底與蛋糕體的無鹽奶油分別隔熱水加熱融化。
4.酥波粒的無鹽奶油秤好後，放在冷藏室保持固態。

材料

A.蛋糕底：蘇打餅乾120g 無鹽奶油20g 蛋白20g
B.蛋糕體：細砂糖90g 全蛋3個 鹽1/4t 牛奶50g 無鹽奶油35g 檸檬皮1個 低筋麵粉50g 杏仁粉150g
C.酥波粒：糖粉20g 低筋麵粉20g 無鹽奶油30g

做法

1.蛋糕底：餅乾屑與融化的無鹽奶油及蛋白用手混合均勻後，直接鋪在烤模內，用手攤平並壓緊。
2.蛋糕體：細砂糖加全蛋及鹽用打蛋器攪拌均勻，再分別加入牛奶及融化的無鹽奶油，接著刨入檸檬皮屑繼續拌勻。
3.一起篩入低筋麵粉及杏仁粉，用橡皮刮刀輕輕拌勻成麵糊，再倒入蛋糕底上，並將表面抹平。
4.酥波粒：糖粉與低筋麵粉用手混合均勻後，將無鹽奶油放在粉堆中，用刮板切割如紅豆般的大小。
5.做法4.切割後的奶油，再過篩多餘的粉料即為酥波粒（圖a），直接撒在做法3.的蛋糕體表面。
6.以上、下火各180°C烤20分鐘左右成金黃色即可。

a

Tips

★檸檬皮屑的份量可依個人喜好增減，也可用香吉士代替。
★蛋糕體的表面也可直接鋪上杏仁片烘烤。
★放在室溫下密封保存即可。

孟老師的O.S.

在吃蛋糕的所有記憶中，我還是較偏好所謂的歐式蛋糕，感覺上比較像在吃蛋糕，口腔不會輕飄飄的沒有踏實感。

法式杏仁蛋糕就有這樣的意境，味道香醇濃郁、口感紮實，從開始咬的第一口到咀嚼、品嘗，每一階段好像都有不同的味蕾體驗。特別是這種蛋糕，無論在溫熱時還是冷卻下食用，都有不同的風味。

1

2

熱桔茶

微酸的熱桔茶可調和法式杏仁蛋糕的甜味，並與蛋糕口感融合後，使濃郁的香氣更提升。

Step 1 **放金桔、紅茶** 在玻璃壺內放入6顆切半的金桔及紅茶100cc。
Step 2 **注熱水** 注入沸騰的滾水約400cc（圖1）。
Step 3 **調味** 燜泡約3分鐘，即可濾出茶湯，並以蜂蜜調味（圖2）。

■需注意金桔燜泡的時間，越久會釋放澀味。
■若無蜂蜜，改用果醬調味也別有風味。

巧克力杏仁餅乾

滿足烘焙初體驗者的成就感。

份量 約25個

準備事項
1. 無鹽奶油放在室溫下軟化。
2. 低筋麵粉、無糖可可粉及小蘇打粉一起過篩。
3. 烤箱預熱。

孟老師的O.S.

在所有西點種類中，餅乾應該算是最容易上手，失敗率也最低的產品，製作方便又快速。烤個餅乾，再精巧包裝一下，拿來當做伴手禮，保證大受歡迎。

相信有很多烘焙族有和我一樣的經驗，就是家裡一堆尚未烤完的餅乾生麵糰，丟在冷凍庫中保存。其實，這就是烤餅乾的好處，剩餘的麵糰可以慢慢再用，更方便的是有時候還可應付不時之需。就像「巧克力杏仁餅乾」一樣，隨時可以為你的下午茶「加菜」。

材料

細砂糖80g 無鹽奶油80g 鹽1/4t 全蛋1個
低筋麵粉200g 無糖可可粉30g 小蘇打粉1/2t
杏仁片100g

做法

1. 無鹽奶油加細砂糖及鹽用攪拌機攪打均勻，再加入全蛋拌勻。
2. 倒入過篩後的粉料，用橡皮刮刀稍微拌合一下，接著加入杏仁片，用手抓拌均勻成麵糰狀。
3. 將麵糰放在保鮮膜上，整形成四方體，冷藏1小時以上待麵糰凝固。
4. 將麵糰切成約0.8公分的厚度，以上火180°C、下火160°C烤30分鐘左右。

Tips

★餅乾形狀隨個人喜好，也可整成圓柱體。
★杏仁片也可用其他堅果代替。

可可杏仁豆

品嘗堅果香延伸的滋味。

份量 約70顆

準備事項

1.杏仁豆以上、下火各150°C烤10分鐘後備用。

2.苦甜巧克力隔熱水加熱成液體。

材料

細砂糖30g 水30g 杏仁豆75g
苦甜巧克力50g 無糖可可粉20g

做法

1.細砂糖加水用小火煮至糖完全融化成糖漿狀（圖a），接著加入杏仁豆拌炒（圖b）。

2.糖漿附著在杏仁豆後慢慢呈現結晶狀（圖c），接著結晶體慢慢融化，繼續用木匙炒到呈焦糖色後即熄火（圖d）。

3.做法2.的焦糖可可豆盛於盤內降溫，再倒入鍋內與巧克力液混合拌勻（圖e），待杏仁豆上的巧克力液凝固後，即可反覆沾裹無糖可可粉（圖f）。

Tips

★杏仁豆與糖漿拌炒至呈現結晶狀時也可以停止，未必要呈焦糖色。

★杏仁豆與巧克力液拌合時，可延長放在室溫下的時間，待巧克力液冷卻且濃稠，即有較多的量附著在杏仁豆表面。

孟老師的O.S.

自己會做各種點心好處不少，當需要送朋友禮物時，就可因人而異地投其所好。

「可可杏仁豆」讓我想到一件往事：有個朋友特別愛吃杏仁豆，任何有杏仁豆的點心都不放過，有一年她生日，我突發奇想，特別做了一大包的「可可杏仁豆」取代生日蛋糕送她。當時我多少有點心虛，深怕這種生日禮物與生日蛋糕的形象差距太遠，沒想到她的評價竟然是：了不起的生日禮物！

杏仁豆先裹上一層焦香的糖衣，再沾上濃醇的巧克力液，最後撒上苦中帶甘的可可粉，當杏仁豆穿上層層外衣後，味道的範圍也就更擴展了。

杏仁豆（Almond）：糕點中常用的堅果食材之一，富含油脂，必須冷藏保存。一般在烘焙材料店購買的方正確。

薰衣草蜂蜜花茶

可可杏仁豆的味道非常濃厚，可藉由特殊香氣的薰衣草蜂蜜花茶平衡一下口感，兩者搭配變換成另一風味。

Step 1 溫壺 將玻璃壺用沸騰滾水溫過後，放入乾燥薰衣草1 大匙。

Step 2 注滾水 注入熱水約500cc，燜泡約3分鐘後即可，也可繼續放在保溫座上保溫（左圖）。

■乾燥薰衣草的份量可依個人喜好做增減。

■飲用時可加入蜂蜜調味。

a
b
c
d
e
f

焦糖巴巴露

焦糖香的助陣，滿足渴望的味蕾。

份量
4個

準備事項

1.準備4個長8公分、寬5公分、高4公分的水滴形慕斯框，用鋁箔紙將慕斯框從底部包好。
2.餅皮的OREO巧克力餅乾裝入塑膠袋中，用擀麵棍壓成餅乾屑。
3.無鹽奶油隔熱水加熱融化。
4.蛋黃放在容器中攪散成蛋黃液備用。
5.吉利丁片用冰開水泡軟並擠乾水分。
6.巴巴露的OREO巧克力餅乾用手捏碎。

孟老師的O.S.

有一年隨電視節目《食全食美》去採訪下午茶蛋糕吃到飽的點點滴滴，那一次，算是真正領教到一堆食客在有限時間內爭食蛋糕的震撼。不管蛋糕種類、也不在乎內容、更不管自己的胃口，全部點心一股腦往自己的盤子堆，吃蛋糕像在打仗一樣，品嘗過程是在一片混亂中進行，所有吃點心的品味完全蕩然無存。這也是我為什麼反對優雅的下午茶，卻以「吃到飽」這樣的方式呈現的原因。

品嘗點心異於品嘗料理之處，就是多了一份心情上的閒適感，同時隨著不同滋味的轉換，舌尖的記憶也會隨之起舞，可能的話，讓味蕾的體驗從輕柔到深沉、慢慢一層一層加重。譬如這道「焦糖巴巴露」的厚實滋味，最好別搶先食用，否則，接下來的水果慕斯，吃起來就沒感覺了。

材料

A.餅皮：OREO巧克力餅乾30g 無鹽奶油10g
B.巴巴露：細砂糖70g 水2t 牛奶70g
動物性鮮奶油20g 蛋黃1個 吉利丁片2片
動物性鮮奶油135g OREO巧克力餅乾4片

做法

1.餅皮：餅乾屑與融化的無鹽奶油用手混勻，平均鋪在水滴形慕斯框內，用手攤平並壓緊（圖a）。
2.巴巴露：細砂糖加水用小火煮至糖水稍上色時，開始將牛奶及動物性鮮奶油20g另外加熱至90°C左右，待糖水成焦糖色時，再將熱牛奶慢慢倒入焦糖內，用木匙輕輕拌勻。
3.將做法2.的焦糖牛奶倒入蛋黃液中，再放回爐火上用小火煮至濃稠狀。
4.趁熱加入吉利丁片拌至完全融化，接著隔冰水降溫至濃稠狀。
5.動物性鮮奶油打至七分發，先取1/3的量與做法4.的材料拌合，再將剩餘的鮮奶油全部加入拌勻，即成焦糖巴巴露（圖b）。
6.將捏碎的OREO巧克力餅乾混合在做法5.的巴巴露餡料中拌勻。
7.填入做法1.的慕斯框內，將表面抹平，並冷藏大約1小時。
8.待凝固後，可將表面塗抹上鏡面果膠，再做裝飾即可。

OREO巧克力餅乾：一種市售餅乾，除直接食用外，磨碎後常用來當做乳酪蛋糕或慕斯墊底用；使用前需先將夾心糖霜取出，只使用餅乾本身即可。

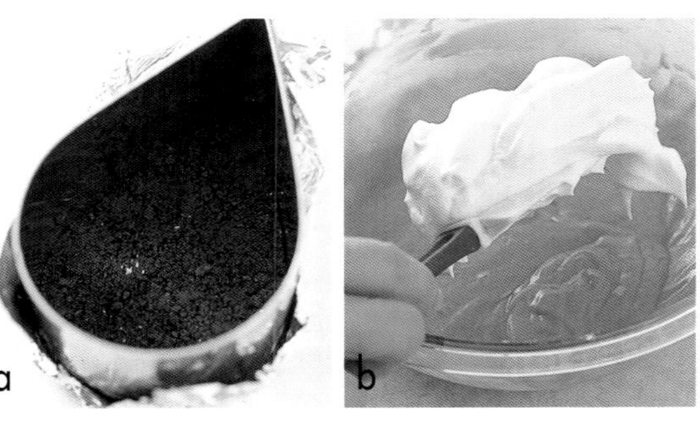

Tips

★煮焦糖時，請參考P.54的做法6。

★所謂巴巴露（Bavarois）是源自德國巴伐利亞區、後來傳至法國的點心。將蛋黃及牛奶做成濃稠醬汁後，再添加吉利丁使其凝固，成品口感與一般慕斯類似。

夢幻鮮果慕斯

甜中帶酸，驚喜不斷。

份量
2個

準備事項

1.準備2個最長處6.5公分、最寬處7.5公分、高3.5公分的心形慕斯框。
2.用保鮮膜將心形慕斯框的底部包好。
3.吉利丁片用冰開水泡軟並擠乾水分備用。
4.新鮮藍莓洗淨後擦乾水分。

材料

A.慕斯餡：新鮮藍莓約30顆 百香果原汁50g
香吉士原汁25g 細砂糖35g 蘭姆酒1T
吉利丁片3片 動物性鮮奶油120g
奇福餅乾屑10g

B.表面裝飾：鏡面果膠

做法

1.新鮮藍莓平均鋪在兩個心形慕斯框內（圖a）。
2.百香果原汁加香吉士原汁及細砂糖用小火煮至糖融化，熄火後趁熱加入吉利丁片及蘭姆酒，用橡皮刮刀拌勻。
3.動物性鮮奶油打至七分發，先取1/3的量與做法2.材料拌合，再將剩餘的鮮奶油全部加入拌勻，即成慕斯餡。
4.將慕斯餡分別倒入兩個心形慕斯框內，抹平表面，均勻撒上奇福餅乾屑，冷藏約1小時待凝固。
5.脫模後，將原來鋪有新鮮藍莓的底部翻轉上來，再抹上鏡面果膠裝飾即可。

Tips

★如無法購得新鮮藍莓，也可用泡過蘭姆酒的葡萄乾代替。

a

孟老師的O.S.

有些人非常排斥吃慕斯，那我可要為慕斯叫屈。其實慕斯本身沒錯，錯是錯在人為因素，不講究食材或是忽略製程，都足以影響慕斯口感的好壞。

所謂「慕斯」原意是指充滿空氣，在不斷攪打的過程中，如何掌握恰到好處的時間即是重點，若是攪打過久、拌入過多空氣，吃在嘴裡感覺ㄆㄠㄆㄠ的，口感就不太好。慕斯講究綿細、滑順，這時就得堅持一定要用動物性鮮奶油，製作出的成品化口性才好。

這道「夢幻鮮果慕斯」如能掌握以上基本原則，那綿細的鮮奶油拌入甜中帶酸的水果餡料中，所交織出來的美妙口味，任誰都可以完成呢！

蛋白小西餅

輕易擄獲人心的平凡小西點。

份量
約50片

準備事項

1.無鹽奶油放在室溫下軟化。
2.低筋麵粉及杏仁粉一起過篩。
3.烤箱預熱。

材料

無鹽奶油120g 糖粉50g 鹽1/4t 蛋白25g
香草精1/4t 低筋麵粉130g 杏仁粉20g
裝飾：糖粉適量

做法

1.無鹽奶油加入糖粉及鹽，先用橡皮刮刀拌勻，再改用攪拌機攪打。
2.接著加入蛋白及香草精繼續拌勻。
3.同時加入篩過的粉料，用橡皮刮刀輕輕拌勻成麵糊狀。
4.將麵糊裝入擠花袋中，再用尖齒花嘴擠出彎曲的造型。
5.以上火180°C、下火160°C烘烤25分鐘左右，出爐後放涼再撒上糖粉即可。

Tips

★擠出的形狀，可依個人喜好而做變化。
★裝入擠花袋中的麵糊量不要過多，擠花的動作才不會吃力。

孟老師的O.S.

就做點心的理論來說，一個烘焙者應該可以從餅乾的外觀印象，馬上有一些判斷或聯想。看到像「蛋白小西餅」這樣的畫面，有造型、有紋路，表示絕不會是乾乾的麵糰、用手直接塑形的，而一定是軟軟的麵糊裝在擠花袋內所做出來的擠花式小西餅。

有了這樣的基本概念，可以讓你在製作過程時更有「感覺」，到底應該是麵糰還是麵糊，這可牽扯到秤料是否有誤呢！其次，也可以明確知道餅乾口感的屬性，譬如看到擠花的麵糊餅乾，就知道嚐起來應該是既酥又鬆的囉！

玩了好久的烘焙，
什麼樣的甜點也都難不倒自己，
那就表現一下吧！
好好享受朋友崇拜的眼神。

Part8 自我表現的下午茶

設計重點：種類、口感兼具，還可隨性享受現烤現出爐的美味與樂趣。

點心與飲品清單：

1.法式千層糕
2.檸檬小塔＋熱可可
3.法式脆糖烤布丁
4.巧克力舒芙里
5.義式咖啡凍蛋糕
6.抹茶捲心酥餅
7.布烈塔尼酥餅＋薄荷話梅熱茶
8.拿鐵慕斯杯
9.炸薯球
10.起士餅＋冰摩卡咖啡

法式千層糕

滿足心靈到味覺的享受。

份量
1份

準備事項

奶油乳酪放在室溫下回軟。

材料

A.法式薄餅：全蛋1個 細砂糖1T 牛奶100g
沙拉油1t 低筋麵粉50g

B.香橙乳酪醬：奶油乳酪（Cream Cheese）100g
細砂糖30g 香吉士皮1個 香吉士原汁1T

C.裝飾：糖粉適量

做法

1.法式薄餅：全蛋加細砂糖用打蛋器攪拌均勻，再分別加入牛奶、沙拉油繼續攪勻，篩入低筋麵粉，用打蛋器攪拌至完全沒有顆粒的粉糊，蓋上保鮮膜，放在室溫下靜置30分鐘以上再使用。

2.香橙乳酪醬：奶油乳酪加細砂糖用打蛋器拌勻，加入香吉士皮屑及香吉士原汁攪拌均勻即可。

3.用廚房紙巾沾少許的奶油抹在平底鍋內，倒入一大匙粉糊攤開成直徑約9公分左右，用小火煎至薄餅稍稍上色即可，接著在鍋內再抹上少許奶油，續煎下一張薄餅。

4.將已放涼的薄餅抹上一層香橙乳酪醬，再蓋上一張薄餅，繼續重複以上抹醬及蓋薄餅重疊的動作。完成後，放入冷藏，食用前灑上糖粉即可。

Tips

★煎薄餅時，當四周的粉糊開始變乾即可起鍋，不必翻面。

★重疊的薄餅共有20張左右（高度可隨意）。

孟老師的O.S.

看到千層軟糕時，第一印象就被那層次分明的優雅線條所吸引住，尤其那軟嫩嫩的口感與香甜的柳橙起士融入口中，真是說不出的Match。另一種經典吃法是搭配一球香草冰淇淋，也堪稱一絕。

這道甜點說穿了，就是將一張張法式薄餅夾著溫潤爽口的餡料，一層層堆疊而上形成蛋糕造型，但吃起來卻與一般蛋糕有著大不相同的味蕾享受。

薄餅軟中帶Q的特性是從掌握文火慢煎的耐心而來，當麵糊受熱剛剛上色的剎那，正是起鍋的好時機，否則煎過頭，就只能當脆餅了。

檸檬小塔

被勾引出的淡雅香氣。

份量 12個

準備事項

1.無鹽奶油放在室溫下軟化。
2.準備數個直徑5公分、高2公分的塔模，塔模內抹油。
3.細砂糖15g加塔塔粉放在同一容器中。

a

b

c

材料

A.塔皮：糖粉15g 無鹽奶油60g 全蛋1個 香草精1/2t 低筋麵粉80g 泡打粉1/8t

B.內餡（卡士達醬）：牛奶100g 細砂糖30g 蛋黃2個 低筋麵粉20g 無鹽奶油30g 檸檬汁1T 檸檬皮1個

C.義大利蛋白霜：蛋白40g 細砂糖15g 塔塔粉1/8t 細砂糖70g 水15g

做法

1.塔皮：糖粉加無鹽奶油用橡皮刮刀拌勻，再加入全蛋及香草精，最後同時篩入低筋麵粉及泡打粉輕輕拌成麵糰狀。

2.麵糰用保鮮膜包好冷藏，鬆弛30分鐘左右，再將麵糰分割成12等份，分別鋪在塔模內，用拇指指腹將麵糰平均延展推平，並將多餘的麵糰用刮板切掉。（參照P.38圖a與圖b）

3.在塔皮表面叉洞，以上、下火各180°C烤約20分鐘左右至塔皮成金黃色，放涼後脫模備用。

4.內餡：蛋黃加低筋麵粉放在同一容器中用打蛋器攪拌成蛋黃糊。將牛奶加細砂糖一起煮至砂糖融化（圖a），慢慢沖入蛋黃糊中，再用小火邊煮邊攪至濃稠狀。

5.接著加入奶油、檸檬汁及檸檬皮屑攪拌均勻，放涼後蓋上保鮮膜冷藏1小時以上。

6.義大利蛋白霜：細砂糖70g加水一起用小火煮至糖融化成糖漿時，開始將蛋白與細砂糖15g及塔塔粉攪打至濕性發泡，當糖漿煮到121°C時，慢慢沖入打發的蛋白中（圖b），再快速將蛋白打至降溫且呈光澤狀。

7.將內餡填入已烤熟的塔皮上，再擠上適量的義大利蛋白霜，然後用噴火槍將表面燒成金黃色（圖c）。冷藏後即可食用。

孟老師的O.S.

每次在打發蛋白時，總覺得蛋白就像個魔術精靈，經過連續不斷的攪打，體積膨脹好幾倍。除了是蛋糕鬆發的功臣，還可烤成蛋白糖，既可食用又可裝飾，如果與卡士達醬或奶油混合，就是慕斯或是一般蛋糕的美味餡料。

現在所看到的「檸檬小塔」與所謂的「檸檬馬林派」其實如出一轍，派與塔的操作手法完全相同，口感也沒兩樣，只是由於外型的大小左右了品嘗時的感覺。完成後的成品，必須用噴火槍在打發的蛋白表面快速烘烤一下，出現漂亮的色澤才更令人驚艷，這也是此道點心視覺上的焦點。

a

b

Tips

★卡士達醬的濃稠狀及冷藏方式如P.98開心果脆塔的做法。

★內餡的檸檬汁與檸檬皮可隨個人喜好做增減。

★測試121℃可用筷子滴一滴糖漿在水中，若不會散開而成圓球狀即是（圖a）。

★當糖漿煮至121℃時，鍋中應佈滿綿密的泡沫，且成濃稠狀（圖b）。

★煮義大利蛋白霜的糖漿，可直接用目測法或水滴測試法即可。

熱可可

濃郁香醇的熱可可，能化解檸檬小塔蛋白糖的甜膩感，品嘗時可明顯感受到口感已轉換成另一種滑順的滋味。

1

2

3

3

4

5

Step 1 **煮牛奶** 在鍋中放入牛奶200g、動物性鮮奶油40g，用小火煮至微滾後，先熄火（圖1）。

Step 2 **放巧克力** 放入苦甜巧克力60g、無糖可可粉2t，攪拌均勻（圖2）。

Step 3 **放酒** 倒入愛爾蘭蛋奶酒2T調味（圖3）。

Step 4 **擠鮮奶油** 在熱可可液表面，擠上幾圈動物性鮮奶油（圖4）。

Step 5 **裝飾** 撒上適量的無糖可可粉（圖5）。

Step 6 **完成** 最後用肉桂棒攪拌均勻即可（圖6）。

■最好選用進口含可可脂的苦甜巧克力，口感較好。

■在放入苦甜巧克力時，可利用餘溫攪拌，如不易融化，可再開小火，但要注意勿燒焦。

■愛爾蘭蛋奶酒（Irish Cream）常用在咖啡的調味，一般超市即可購得。

■可自行斟酌是否需要加糖調味。

法式脆糖烤布丁

布丁世界中最極致的享受。

份量 1份

準備事項

1.準備1個最長處16公分、最寬處11公分、高4公分的橢圓形烤皿。
2.烤盤內加水，放入烤箱內預熱。

孟老師的O.S.

我本來非常排斥布丁，只因它是我小學時做的第一道甜點，結果慘敗，沒有道具，沒有精準的配方。可想而知，口感甜膩到不行，組織則呈蜂巢狀，充其量就是甜的蒸蛋而已。這樣恐怖的經驗，讓我好幾十年來對布丁採取不吃、不做、也不買的拒絕態度，當然在我的烘焙課中也一併被淘汰出局了。

後來，一位布丁迷學生在烘焙課中質疑為何獨不見布丁芳蹤？我才勉為其難地甩掉個人主觀意識，開始讓布丁在我的料理台上嶄露頭角，也強迫自己要善待這迷倒眾人的甜點。

布丁從食材的講究到火候的控制都馬虎不得，奢侈一點，可在布丁液中添加一根香草豆莢一同熬煮，頓時就讓單純的蛋味、奶味增色不少，也給味蕾帶來極致的享受。尤其入口即化的布丁搭配上滿口焦糖香，其絕妙滋味讓布丁再也不只是布丁了。

稱「脆糖烤布丁」(Cream Brulee) 主要是想與傳統的焦糖布丁做區隔，雖然兩者都以焦糖提味，但品嘗風味卻大異其趣。也不想直譯成「烤布雷」，總感覺與成品或口感特色搭不上關係。布丁表面的金砂糖被熊熊火焰瞬間焦化的美妙畫面，以及所形成的薄脆透明又鏗鏘有聲的焦糖，正是這道甜點的魅力所在，也值得你在眾人面前精彩秀一下喲！

材料

全蛋3個　蛋黃1個　細砂糖60g
牛奶300g　動物性鮮奶油50g
香草豆莢1/2根　金砂糖適量

做法

1.全蛋加蛋黃用打蛋器攪拌均勻成蛋液。
2.細砂糖加牛奶、動物性鮮奶油及香草豆莢一起用小火煮至糖融化後，再慢慢沖入蛋液中，即成為布丁液。
3.將布丁液過篩後倒入烤皿內，以上、下火各180°C隔水蒸烤約30分鐘左右。
4.布丁出爐後，趁熱在表面撒上均勻的金砂糖，再用噴火槍快速將表面燒烤成焦糖色（圖a）。

Tips

★烤盤內的水分最好達烤皿的0.5公分以上，水分多，蒸烤效果會較好。
★判斷布丁是否熟透，可試著將烤模略傾斜，若布丁液不會流動即可出爐；或是用手輕輕觸摸布丁表面，若成固態狀即可。

a

巧克力舒芙里

稍縱即逝的絕妙美味。

份量
8個

準備事項

1.準備數個直徑8.5公分、高4公分的陶瓷烤皿。
2.烤皿內抹油並撒上均勻的細砂糖。（圖a）
3.低筋麵粉加可可粉一起過篩。
4.烤箱預熱。

材料

蛋黃40g 牛奶120g 蘭姆酒1t 低筋麵粉40g
無糖可可粉40g 無鹽奶油20g 蛋白120g
細砂糖 60g

做法

1.蛋黃加牛奶、蘭姆酒用打蛋器拌勻，再加入篩過的粉料拌成可可麵糊。
2.無鹽奶油隔熱水加熱融化，趁熱倒入做可可麵糊內拌勻。
3.蛋白用攪拌機打至起泡，分三次加入細砂糖，同時用快速打至九分發即可。（參照P.56圖c）
4.取出1/3的打發蛋白與做法2.的可可麵糊拌和，再將剩餘的蛋白全部加入，並用橡皮刮刀輕輕從容器底部刮起拌勻。（參照P.79圖e）
5.將做法4.的麵糊填滿至烤皿內，並將表面抹平，以上、下火各190°C烘烤約25分鐘左右。
6.出爐後即可撒糖粉，並趁熱食用。

Tips

★出爐後會慢慢消泡收縮，這是正常現象。

孟老師的O.S.

有人說「舒芙里」（Souffle's）就是「讓人等」三個字的代名詞。想吃這道點心，可得耐得住性子，通常在餐廳享用時，需要現點現做現吃。從材料的準備到打發蛋白完成烘烤，所有時間都在考驗食客，在享受美味之前，總是必須學習等待。

舒芙里就是典型利用大量的打發蛋白，經過高溫烘烤受熱漸漸膨脹而成，當出現最飽滿亮麗的膨脹空間時即可出爐，並在第一時間即時享用，否則遇冷，氣泡萎縮消失，美味也就蕩然無存了。有一次看到一個日本的美食節目正在介紹舒芙里，其中一句話到現在還令我印象深刻：「舒芙里，讓人措手不及的慌亂，正是此道點心的魅力之所在。」

a

義式咖啡奶凍蛋糕

微醺迷人的成人風味。

份量
5個

準備事項

1.吉利丁片用冰開水泡軟，並擠乾水分。
2.準備5個直徑5.5公分、高3公分的圓模慕斯框，再用鋁箔紙從模型底部包好。

材料

A.蛋糕底：OREO巧克力餅乾5片
B.蛋糕體：蛋黃3個　低筋麵粉15g　牛奶200g　細砂糖40g　吉利丁片2片　義式濃縮咖啡2 T　卡魯哇咖啡酒2T　烤熟的碎核桃10g　OREO巧克力餅乾5 片
C.酒糖液：義式濃縮咖啡1T　卡魯哇咖啡酒1t　細砂糖1t
D.裝飾：義式濃縮咖啡少許　鏡面果膠20g　咖啡形巧克力豆5粒

做法

1.蛋糕底：OREO巧克力餅乾分別鋪在每個圓模慕斯框的底部（圖a）。
2.蛋糕體：蛋黃與低筋麵粉一起用打蛋器攪拌成蛋黃糊。牛奶加細砂糖用小火煮至糖融化，慢慢沖入蛋黃糊中。放回爐火上，用小火煮成濃稠狀，趁熱加入吉利丁片，確實攪拌均勻並融化。拌入義式濃縮咖啡及咖啡酒，再隔冰水降溫至濃稠狀，即成咖啡奶凍。

a

3.酒糖液：義式濃縮咖啡加卡魯哇咖啡酒及細砂糖攪拌至糖融化。
4.將做法1.內的餅乾刷上酒糖液，再將咖啡奶凍倒入模型內約1/2的高度，再放一片OREO巧克力餅乾，並刷上酒糖液，接著在餅乾上放適量烤熟的碎核桃，最後再用咖啡奶凍填滿。
5.裝飾：冷藏約2小時凝固後，用刷子在表面不規則刷上義式濃縮咖啡，再抹上均勻的鏡面果膠，放上一粒咖啡形巧克力豆，冷藏後即可食用。

孟老師的O.S.

說真的，第一次做完這道點心，試吃時，我完全被那出乎意料的美味所感動，它所呈現的美味已超出我原來的期待。將現煮義式濃縮咖啡最完美的滋味，快速封鎖在香滑的酒香醬汁中，再與濕潤濃醇的巧克力餅乾相互震盪，層層香氣透過口腔中的溫度慢慢暈開，迷人的整體口感，是味蕾極致的享受。

這幾年來上了無數次《食全食美》節目，早已摸清了主持人「嗜甜點」的口味偏好，也每每從試吃時的表情，便可輕易感受到甜點被評價的美味指數。這道「義式咖啡奶凍蛋糕」被號稱「甜點饕客」的主持人焦志方先生評定為媲美提拉米蘇的滋味，你可一定要試試！

Tips

★如無法自製義式濃縮咖啡，可至一般的咖啡店中購買來製作。
★如無法購得卡魯哇咖啡酒，可用蘭姆酒代替。
★做法2.同卡士達醬做法，但濃稠狀的感覺要比卡士達醬稍微稀一點。
★可將材料直接裝入容器內製作，也非常理想。

卡魯哇咖啡酒（Kahlua）：酒精濃度為26.5%，適合添加在堅果、奶製品、巧克力及咖啡風味的慕斯或醬汁中，也適合直接添加在牛奶或咖啡中增添風味。

抹茶捲心酥餅

一次品嘗兩種餅乾的美味。

份量 約40片

準備事項

無鹽奶油放在室溫下回軟。

材料

A.無鹽奶油85g 糖粉50g 香草精1/4t 全蛋10g
低筋麵粉120g

B.無鹽奶油150g 糖粉50g 低筋麵粉200g 抹茶粉3t

做法

1.將材料A的無鹽奶油、糖粉及香草精用橡皮刮刀攪拌均勻，再加入全蛋繼續拌勻。

2.篩入麵粉輕輕拌成麵糰狀，放在保鮮膜上，用手攤壓成厚約0.3公分的長方形並壓平（圖a），包好後放進冰箱冷藏，鬆弛約20分鐘。

3.將材料B的無鹽奶油加糖粉用橡皮刮刀攪拌均勻，接著一起篩入麵粉及抹搽粉，用橡皮刮刀拌成麵糰狀，並放在保鮮膜上整形成圓柱體（長度約與A麵糰相同），包好後放進冰箱冷藏凝固約30分鐘。

4.將凝固後的B麵糰放在A麵糰上，完全密合的裹住，滾圓整形好後再冷藏20分鐘（圖b）。

5.將做法4.的凝固麵糰切成厚約0.8公分的片狀（圖c），放入已預熱的烤箱內。以上火180°C、下火160°C的火溫烘烤25分鐘左右即可。

Tips

★麵糰捲起時，須注意A麵糰的軟硬度，如冷藏過久，無法捲起時，須在室溫下稍微回軟，否則容易斷裂。

★雙手拉起麵糰下的保鮮膜，即可以輕易捲起A麵糰。

孟老師的O.S.

就點心學而言，將兩種屬性相同但風味不同的東西擺在一起，如果出現互補關係，還能強化口感、滋味與外觀效果，那麼，肯定風貌就不會單調。像這道「抹茶捲心酥餅」的兩種口味餅乾，本來就可以獨立存在，而將兩者合而為一和平共處時，還會產生不同的味覺與視覺效果。

你可以依循一下做餅乾的遊戲規則，從口味到口感，從色澤到外型，尋找相關又貼切的變化元素。更大膽的話，不妨試試將兩種風馬牛不相及的東西做天衣無縫的完美結合，看看會不會撞擊出另類的美味火花。

a

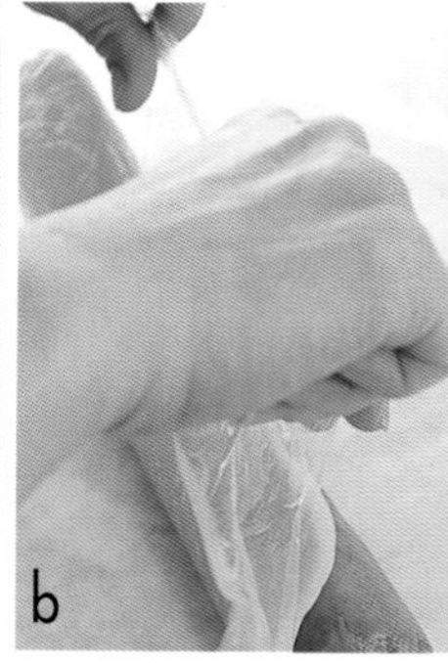
b

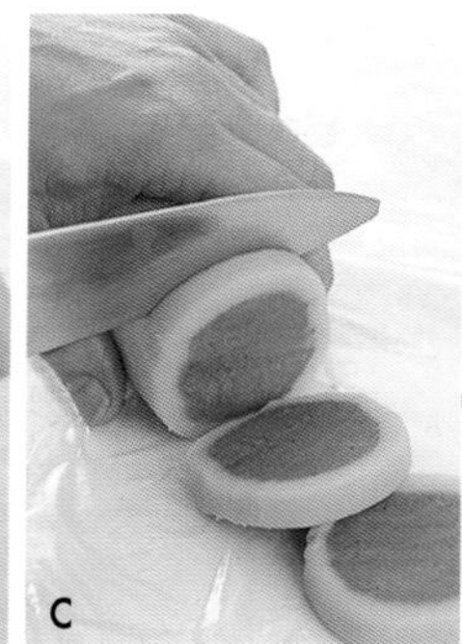
c

布烈塔尼酥餅

酥、香、鬆，酥餅中的極品。

份量 約12個

準備事項

1.無鹽奶油放在室溫下軟化。
2.低筋麵粉加泡打粉一起過篩。
3.烤箱預熱。

材料

A.無鹽奶油120g 糖粉60g 鹽1/4t 香草精1/4t 蛋黃1個
低筋麵粉130g 泡打粉1/4t 杏仁粉15g
B.裝飾：蛋黃1個

做法

1.無鹽奶油、糖粉、鹽及香草精先用橡皮刮刀攪拌均勻，再加蛋黃繼續拌勻。
2.加入篩過的麵粉、泡打粉後，再倒入杏仁粉，繼續用橡皮刮刀輕輕拌勻成麵糰狀。
3.將麵糰放在保鮮膜上，用手稍微壓平，再包好冷藏30分鐘以上。
4.將麵糰擀成約1公分的厚度，再用小圓框切割麵糰，一起放在烤盤上。
5.在麵糰表面用叉子畫上交叉線條，再刷上蛋黃液，以上火180°C、下火150°C烘烤25分鐘左右，關火後再繼續用餘溫燜10分鐘。

Tips

★麵糰整形時，可直接沾粉用手壓平，而不須使用擀麵棍。
★小圓框內的麵糰高度，盡量控制在模型的七分滿左右。
★熄火後，繼續用餘溫燜，口感才會酥鬆。
★麵糰須套在圓框內一起烘烤，形狀才不會擴散。

孟老師的O.S.

布烈塔尼酥餅，有另一個更貼切的名稱葛雷特（Galette），意指在圓形平扁的鐵板上做出的點心。講到法國的布烈塔尼，除了這款厚厚的酥餅外，還會想到另一個薄薄的可麗餅，這一厚一薄的兩樣點心，堪稱是布烈塔尼地區並駕齊驅的兩大「名餅」。

為了突顯酥鬆的口感，製作時餅皮需要有個厚度，另外，還要在表面塗上蛋黃，最後再劃上招牌的交叉線條，才算道地。

薄荷話梅熱茶

甜中帶酸的薄荷話梅熱茶，與濃郁奶香的布烈塔尼酥餅一起品嘗，會出現令人意想不到的甜美滋味。

Step 1 溫壺 將玻璃壺用沸騰滾水溫過。
Step 2 入茶包 放入一個錫蘭紅茶的茶包，並放3粒話梅及5片薄荷葉。
Step 3 沖泡保溫 注入500cc熱水，燜泡約3分鐘，可放在保溫座上繼續保溫（左圖）。

■注意話梅燜泡的時間，過久會有鹹味。
■錫蘭紅茶也可改由其他品種代替。
■薄荷話梅熱茶製作的重點在強調薄荷的風味，而話梅則以提味效果為原則，味道不要過重。

拿鐵慕斯杯

牛奶與咖啡的邂逅。

份量
3杯

準備事項
1.吉利丁片用冰開水泡軟，並擠乾水分。
2.即溶咖啡粉加冷開水攪拌均勻成濃縮咖啡液。
3.準備3個容量200cc的玻璃杯。

材料

A.牛奶150g 細砂糖50g 香草豆莢1/2根
吉利丁片2片 動物性鮮奶油150g
即溶咖啡粉3t 冷開水1t

B.裝飾：動物性鮮奶油（要打發）50g
肉桂粉少許

做法

1.將濃縮咖啡液平均倒入3個玻璃杯內備用（圖a）。

2.牛奶加細砂糖及香草豆莢用小火煮至細砂糖融化，趁熱加入吉利丁片拌勻，將香草豆莢取出，用打蛋器確實攪拌均勻並融化，再隔冰水降溫至濃稠狀。

3.動物性鮮奶油打至七分發，先取1/3的量與做法2.的材料拌合，再將剩餘的鮮奶油全部加入拌勻成牛奶慕斯。

4.將牛奶慕斯平均倒入做法1.的玻璃杯內，再用小湯匙從杯底輕輕攪動，使牛奶慕斯與濃縮咖啡液稍微混合（圖b），冷藏約1小時使其凝固。

5.裝飾：在表面擠上適量的打發鮮奶油，並撒上少許肉桂粉即可。

Tips

★即溶咖啡粉可隨個人接受程度做增減。

★表面裝飾的打發鮮奶油也可省略，但若使用，選擇動物性鮮奶油口感較好。

孟老師的O.S.

「拿鐵」就是咖啡與牛奶的邂逅。只不過我讓它成了靜止狀態，你可以按照個人的口味，不必堅持比例，也不用刻意劃清黑、白界線。當水乳交融的剎那，即可品嘗到濃郁的咖啡香氣與滑潤奶酪的厚實感在口腔中的不同角落散開。

從喝拿鐵到舀拿鐵，體驗不同的舌尖滋味，同時也能轉換一下不同的品嘗風情。

a

b

炸薯球

一酥一軟，遊盪舌尖的平民美味。

份量 約15個

準備事項

1.馬鈴薯洗淨削皮切成塊狀，用中火蒸軟。

2.準備油炸鍋。

材料

馬鈴薯泥300g　無鹽奶油25g　鹽1/2t　黑胡椒1/4t
蛋白1個　粗椰絲適量

做法

1.馬鈴薯蒸軟後趁熱用叉子壓成泥狀，加無鹽奶油攪拌均勻，再加入鹽及黑胡椒調味。

2.取適量調味好的薯泥，搓揉成直徑約2公分的圓球狀，在表面沾上均勻的蛋白，最後再沾裹適量的粗椰絲。

3.將沙拉油加熱至170°C左右，放入薯球炸至呈金黃色即可。

Tips

★油溫不要太高，測試方式參照P.66酥炸葡萄奶酥的Tips。

★粗椰絲也可用麵包粉代替。

孟老師的O.S.

馬鈴薯，如此平民化的食材，卻有著千變萬化的料理方式。無論入菜還是當做甜點，不論當它是主食還是配菜，都能因應不同的需求，或甜或鹹也能隨心所欲。尤其與各類食材融合的包容性，可以讓你輕易做出美味料理。

因此，可以試著在薯泥中再加料，像是培根、玉米粒、洋蔥丁，甚至海鮮也行，經過油炸後，酥脆的殼、鬆軟的餡，會讓你一口接一口，難以停口。

粗椰絲：由椰子果實製成，加工後有不同的長短，含食物纖維，常用於糕點裝飾。

起士餅

風味與口感協調的乳酪甜點。

份量 1份

準備事項
1.準備1個18×18公分的正方形烤模。
2.取一張長、寬各30公分的鋁箔紙鋪在烤模內，以利脫模。
3.奶油乳酪及無鹽奶油放在室溫下軟化。
4.烤箱預熱。

材料

A.餅皮：低筋麵粉50g 糖粉10g 無鹽奶油25g 蛋黃10g 杏仁粒15g

B.蜂蜜杏仁片：杏仁片15g 蜂蜜10g

C.起士餡：奶油乳酪（Cream Cheese）100g 無鹽奶油15g 細砂糖45g 全蛋50g 牛奶1T 香草精1/2t

做法

1.餅皮：麵粉與糖粉混合均勻，再將奶油放在粉堆中用手輕輕搓揉成均勻的細顆粒（參照P.80圖a），加入蛋黃後，繼續用手搓成均勻鬆散狀，接著加入杏仁粒，直接鋪在烤盤上壓平（參照P.80圖c）。

2.蜂蜜杏仁片：杏仁片加蜂蜜用小火稍微拌炒均勻即可。

3.起士餡：奶油乳酪、無鹽奶油及細砂糖用打蛋器攪拌均勻，再加入全蛋拌勻，最後加入牛奶及香草精拌成均勻的乳酪糊，倒在餅皮上，並將表面抹平。

4.以上火180℃、下火190℃烤15分鐘左右，再將蜂蜜杏仁片平均鋪在起士餡的表面。

5.接著再續烤10分鐘左右，表面呈金黃色即可。

Tips

★使用打蛋器攪拌均勻即可，攪拌速度不要太快，以免烘烤時表面龜裂。

★如用不沾裹蜂蜜的杏仁片，則直接撒在生的起士餡上一起烘烤即可。

孟老師的O.S.

綿軟滑順的乳酪餡，表面附著一層蜂蜜杏仁片，搭配底部酥鬆的堅果餅皮，三者合而為一，風味與口感協調，迷人的堅果香氣與淡淡的起士口感相互衝擊下，絕對與一般乳酪糕點有著不同的品嘗滋味。

對於各式乳酪點心，每個人的接受程度都有不同，有人認為強烈突出的乳酪香是人間美味，卻有人望而怯步。對於想要淺嘗即止的人，我建議不妨吃吃看這道「起士餅」。

冰摩卡咖啡

冰涼的冰摩卡咖啡，有香濃的奶味及微苦的咖啡香，與堅果風味的起士餅交錯品嘗，無形中將點心與飲料兩種截然不同的香氣均發揮到極致。

1

2

3

4

5

6

Step 1 **放巧克力醬** 在玻璃杯內放入半杯冰塊，再倒入約20g巧克力醬（圖1）。

Step 2 **倒冰牛奶** 倒入約150cc全脂牛奶（圖2）。

Step 3 **攪拌** 用長湯匙攪拌均勻（圖3）。

Step 4 **倒入咖啡** 倒入約30cc的義式濃縮咖啡（圖4）。

Step 5 **放冰淇淋** 挖一球香草冰淇淋放在最表面（圖5）。

Step 6 **裝飾** 撒上無糖可可粉及少許巧克力屑裝飾（圖6）。

■冰摩卡咖啡所使用巧克力醬的量會影響甜度。

■表面的冰淇淋最好選用香草口味，味道較合。

烘焙材料行

北區

證大食品機械公司
基隆市七堵明德一路２４７號
０２－２４５６－６３１８

美豐食品原料行
基隆市孝一路３６號
０２－２４２２－３２００

富盛烘焙材料行
基隆市南榮路５０號
０２－２４２５－９２５５

嘉美行
基隆市豐稔街１３０號Ｂ１
０２－２４６２－１９６３

倫敦器具行
北市廣州街２２０－４號
０２－２３０６－８３０５

大億食品原料行
台北市士林大南路４３４號
０２－２８８３－８１５８

飛迅烘焙材料行
台北市士林承德路四段２７７巷８３號
０２－２８８３－００００

洪春梅實業有限公司
台北市民生西路３８９號
０２－２５５３－３８５９

燈燦公司
台北市民樂街１２５號
０２－２５５７－８１０４

萊萊食品公司
台北市和平東路三段２１２巷３號
０２－２７３３－８０８６

申崧食品公司
台北市延壽街４０２巷２弄１３號
０２－２７６９－７２５１

岱里食品公司
台北市虎林街１６４巷５號１Ｆ
０２－２７２５－５８２０

頂騵材料行
台北市信義區莊敬路３４０號２Ｆ
０２－８７８０－２４６９

得宏食品原料行
台北市南港研究院路一段９６號
０２－２７８３－４８４３

加嘉食品原料行
台北市南港富康街３６號
０２－２６５１－８２００

精浩公司
台北市重慶北路二段５３號１Ｆ
０２－２５５０－６９９６

媽咪商店
台北市師大路１１７巷６號
０２－２３６９－９８６８

源記食品公司
台北市崇德街１４６巷４號１Ｆ
０２－２７３６－６３７６

正大行
台北市康定路３號
０２－２３１１－０９９１

源記食品公司
台北市富陽街２１巷１８弄４號
０２－２７３６－６３７６

義興材料行
台北市富錦街５７８號
０２－２７６５－４１８１

果生堂
台北市龍江路４２９巷８號
０２－２５０２－１６１９

全家烘焙ＤＩＹ西點材料行
台北市羅斯福路五段２１８巷３６號１樓
０２－２９３２－０４０５

煌成烘焙器具原料行
台北縣三重市力行路二段７９號
０２－８２８７－２５８６

崑龍食品公司
台北縣三重市永福街２４２號
０２－２２８７－６０２０

合名有限公司
台北縣三重市重新路四段２１４巷５弄６號
０２－２９７７－２５７８

艾佳食品行
台北縣中和市宜安街１１８巷１４號
０２－８６６０－８８９５

佳記食品公司
台北縣中和市國光街１８９巷１２弄１－１
０２－２９５９－５７７１

安欣食品原料行
台北縣中和市連城路３４７巷６弄３３號
０２－２２２５－００１８

今今食品行
台北縣五股鄉四維路１４２巷１４弄８號
０２－２９８１－７７５５

立畇軒烘焙材料器具行
台北縣汐止市樟樹一路３４號
０２－２６９０－４０２４

加嘉食品行
台北縣汐止市環河街１８３巷３號
０２－２６９３－３３３４

大家發烘焙食品原料量飯店
台北縣板橋市三民路一段９９號
０２－８９５３－９１１１

全成功公司
台北縣板橋市互助街３６號
０２－２２５５－９４８２

上荃食品原料行
台北縣板橋市長江路三段１１２號
０２－２２５４－６５５６

旺達食品公司
台北縣板橋市信義路１６５號
０２－２９６２－０１１４

旺達食品行
台北縣板橋市信義路１６５號１Ｆ
０２－２９６２－０１１４

聖寶食品商行
台北縣板橋市觀光街５號
０２－２９６３－３１１２

虹泰食品原料行
台北縣淡水鎮水源街一段６１號
０２－２６２９－５５９３

佳佳烘焙材料行
台北縣新店市三民路８８號
０２－２９１８－６４５６

馥品屋
台北縣樹林鎮大安路１７５號
０２－２６８６－２５６９

永誠食品原料行
台北縣鶯歌鎮文昌街１４號
０２－２６７９－８０２３

和興餐具行
桃園市三民路二段６９號
０３－３３９－３７４２

華源食品原料行
桃園市中正三街３８之４０號
０３－３３２－０１７８

做點心過生活
桃園市復興路３４５號
０３－３３５－３９６３

印象西點工作室
桃園市樹仁一街１５０號
０３－３６４－４７２７

陸光食品公司
桃園縣八德市陸光街１號
０３－３６２－９７８３

艾佳食品行
桃園縣中壢市黃興街１１１號
０３－４６８－４５５７

乙馨食品行
桃園縣平鎮市大勇街禮節巷４５號
０３－４５８－３５５５

東海食品原料行
桃園縣平鎮市中興路平鎮段４０９號
０３－４６９－２５６５

元宏食品公司
桃園縣楊梅鎮中山北路一段６０號
０３－４８８－０３５５

台揚食品公司
桃園縣龜山鄉東萬壽路３１１巷２號
０３－３２９－１１１１

新勝食品原料行
新竹市中山路６４０巷１０２號
０３－５３８－８６２８

正大食品行原料行
新竹市中華路一段１９３號
０３－５３２－０７８６

力陽食品機械公司
新竹市中華路三段４７號
０３－５２３－６７７３

新盛發食品原料行
新竹市民權路１５９號
０３－５３２－３０２７

萬和行
新竹市東門街１１８號
０３－５２２－３３６５

康迪食品原料行
新竹市建華街１９號
０３－５２０－８２５０

富讚有限公司
新竹市港南里海埔路１７９號
０３－５３９－８８７８

普來利實業公司
新竹縣竹北市縣政二路１８６號
０３－５５５－８０８６

天隆食品原料行
苗栗縣頭份鎮中華路６４１號
０３７－６６０－８３７

元寶公司
台北市內湖環山路二段１３３號２Ｆ
０２－２６５８－８９９１

銘豐商行
台中市中清路１５１之２５號
０４－４２５－９８６９

永誠公司
台中市民生路１４７號
０４－２２４－９９９２

玉記行
台中市向上北路１７０號
０４－３１０－７５７６

利生食品有限公司
台中市西屯路二段２８－３號
０４－３１２－４３３９

德麥食品公司
台中市美村路二段５６號９Ｆ之２
０４－３７６－７４７５

永美製餅材料行
台中市健行路６６５號
０４－２０５－９１６７

總信食品原料行
台中市復興路三段１０９－４號
０４－２２０－２９１７

齊誠食品行
台中市雙十路二段７９號
０４－２３４－３０００

豐榮食品原料行
台中縣豐原市三豐路３１７號
０４－５２７－１８３１

明興食品超市
台中縣豐原市瑞興路１０６號
０４－５２６－３９５３

宏大行
南投縣埔里鎮清新里雨樂巷１６－１號
０４９－９８２－７６６

順興食品原料行
南投縣草屯鎮中正路５８６－５號
０４９－３３３－４５５

信通食品原料行
南投縣草屯鎮太平路二段６０號
０４９－３１８－３６９

敬崎食品有限公司
彰化市三福街１９７號
０４－７２４－３９２７

王成源食品原料行
彰化市永福街１４號
０４－７２３－９４４６

永明食品原料行
彰化市磚窯里芳草街３５巷２１號
０４－７６１－９３４８

上豪食品原料行
彰化縣芬園鄉彰南路三段３５５號
０４９－５２２－３３９

金永誠食品原料行
彰化縣員林鎮光明街６號
０４－８３２－２８１１

好美食品原料
雲林縣斗六市中山路２１８號
０５－５３２－４３４３

彩豐食品原料行
雲林縣斗六市西平路１３７號
０５－５３５－０９９０

新瑞益食品原料行
雲林縣斗南七賢街１２８號
０５－５９６－３７６５

新瑞益食品原料行
嘉義市新民路１１號
０５－２８６－９５４５

名陽食品原料行
嘉義縣大林鎮蘭州街７０號
０５－２６５－０５５７

瑞益食品原料行
台南市中區民族路二段３０３號
０６－２２２－４４１７

富美食品原料行
台南市北區開元路３１２號
０６－２３７－６２８４

銘泉原料行
台南市安南區開安四街２４號
０６－２４６－０９２９

世峰行
台南市西區大興街３２５巷５６號
０６－２５０－２０２７

玉記行
台南市西區民權路三段３８號
０６－２２４－３３３３

永昌食品原料行
台南市東區長榮路一段115號
06－237－7115

上輝食品原料行
台南市南區德興路292巷16號
06－296－1228

永豐食品行
台南市南區賢南街158號1F
06－291－1031

佶祥烘焙食品原料行
台南縣永康市鹽行路61號
06－253－5223

德興烘焙原料專賣場
高雄市十全二路101號
07－311－4311

玉記香料行
高雄市六合一路147號
07－236－0333

烘培家食品原料行
高雄市左營區至聖路147號
07－348－7226

德麥食品公司
高雄市正言路107巷3號13F－1
07－725－9930

旺來昌食品原料行
高雄市前鎮區公正路181號
07－713－5345

新鈺成食品原料行
高雄市前鎮區前鎮二巷4－17號
07－811－4029

薪豐食品行
高雄市苓雅區福德一路75號
07－722－2083

正大行
高雄市新興區五福二路156號
07－261－9852

十代公司
高雄市懷安街30號
07－381－3275

福市企業公司
高雄縣仁武鄉高梅村後港巷145號
07－346－3428

茂盛原料行
高雄縣岡山鎮前峰路29－2號
07－625－9679

旺來興食品原料行
高雄縣烏松鄉大華村本館路151號
07－392－2223

順慶食品原料行
高雄縣鳳山市中山路237號
07－746－2908

旺來興食品原料行
屏東市民生路79－24號
08－723－7896

聖林食品原料行
屏東市成功路161號
08－732－2391

裕軒食品原料行
屏東縣潮洲鎮太平路473號
08－788－7835

立高商行
宜蘭市孝舍路29巷101號
039－386－848

欣新烘焙食品行
宜蘭市進士路85號
039－363－114

典星坊
宜蘭縣羅東鎮林森路146號
039－557－558

裕順食品公司
宜蘭縣羅東鎮純精路60號
039－543－429

立豐食品原料行
花蓮市中原路586號
038－355－778

立豐食品原料行
花蓮市和平路440號
038－358－730

玉記香料行
台東市漢陽路30號
089－326－505

THANK

感謝以下單位協助本書拍攝 ◀◀

▶荳蔻人文餐飲（03-470-8842）

▶紅無堤茶＆餐飲（03-438-5850）

銀杏 GINKGO

孟老師的下午茶

作　　者：孟兆慶
出 版 者：葉子出版股份有限公司
發 行 人：葉忠賢
企劃主編：閻富萍
登 記 證：局版北市業字第677號
地　　址：新北市深坑區北深路三段260號8樓
電　　話：（02）8662-6826　　傳真：（02）2664-7633
網　　址：http://www.ycrc.com.tw
郵撥帳號：19735365　　戶名：葉忠賢
印　　刷：鼎易印刷事業事業股份有限公司
法律顧問：北辰著作權事務所
初版四刷：2015年 4 月　　新台幣：350 元
ISBN：986-7609-28-X

國家圖書館出版品預行編目資料

孟老師的下午茶 / 孟兆慶作. -- 初版. -- 臺北市 : 葉子, 2004[民93]
面 ;　公分. -- (銀杏)
ISBN 986-7609-28-X(平裝)

1. 食譜 - 點心

427.16　　93008498

總 經 銷：揚智文化事業股份有限公司
地　　址：新北市深坑區北深路三段260號8樓
電　　話：（02）8662-6826
傳　　真：（02）2664-7633

廣　告　回　信
臺灣北區郵政管理局登記證
北 台 字 第 8719 號
免　貼　郵　票

106-□□
台北市新生南路3段88號5樓之6

揚智文化事業股份有限公司　　收

□□□-□□
地址：　　　市縣　　鄉鎮市區　　路街　段　巷　弄　號　樓
姓名：

葉子出版股份有限公司

讀・者・回・函

感謝您購買本公司出版的書籍。
為了更接近讀者的想法，出版您想閱讀的書籍，在此需要勞駕您詳細為我們填寫回函，您的一份心力，將使我們更加努力！！

1. 姓名：______________
2. E-mail：______________
3. 性別：□ 男 □ 女
4. 生日：西元_____年_____月_____日
5. 教育程度：□ 高中及以下 □ 專科及大學 □ 研究所及以上
6. 職業別：□ 學生 □ 服務業 □ 軍警公教 □ 資訊及傳播業 □ 金融業 □ 製造業 □ 家庭主婦 □ 其他_____
7. 購書方式：□ 書店 □ 量販店 □ 網路 □ 郵購 □書展 □ 其他_____
8. 購買原因：□ 對書籍感興趣 □ 生活或工作需要 □ 其他_____
9. 如何得知此出版訊息：□ 媒體_____ □ 書訊 □ 逛書店 □ 其他_____
10. 書籍編排：□ 專業水準 □ 賞心悅目 □ 設計普通 □ 有待加強
11. 書籍封面：□ 非常出色 □ 平凡普通 □ 毫不起眼
12. 您的意見：____
13. 您希望本公司出版何種書籍：____________________________

☆填寫完畢後，可直接寄回（免貼郵票）。
我們將不定期寄發新書資訊，並優先通知您
其他優惠活動，再次感謝您！！

根

以讀者爲其根本

莖

用生活來做支撐

引發思考或功用

獲取效益或趣味